隽永之美

茶艺术赏析

潘城 著

中国林业出版社
China Forestry Publishing House

图书在版编目（CIP）数据

隽永之美：茶艺术赏析／潘城著．－－北京：中国
林业出版社，2019.5
ISBN 978-7-5219-0040-8

Ⅰ．①隽…　Ⅱ．①潘…　Ⅲ．①茶文化－中国－高等学
校－教材　Ⅳ．① TS971.21

中国版本图书馆 CIP 数据核字（2019）第 068489 号

中国林业出版社教育分社

策划编辑　高红岩　　　　　　责任编辑　曹鑫茹　高红岩
电　　话　(010) 83143560　　传　　真　(010) 83143516

出版发行　中国林业出版社（100009　北京市西城区德内大街刘海胡同 7 号）
　　　　　http://www.forestry.gov.cn/lycb.html
经　　销　新华书店
印　　刷　北京雅昌艺术印刷有限公司
版　　次　2019 年 5 月第 1 版
印　　次　2019 年 5 月第 1 次印刷
开　　本　710mm×1000mm　16 开
印　　张　18
字　　数　280 千字
定　　价　98.00 元

公元八世纪的唐朝，陆羽以一部七千余字的《茶经》确立茶文化全部内涵，开门见山曰：茶者，南方之嘉木也。此处之茶，既可理解为生态环境下生长在中国南部的木本植物，亦可诠释为人文语境中君子般的风范嘉物。茶圣的提纲挈领，将茶物质与精神水乳相融的复合形态一语点透，真可谓一叶双菩提。

假如仅仅把茶理解为植物之一种，那么茶之美几乎失去了诠释的可能性，一片叶子不可能建立起中华茶文化的宏伟大厦——因为任何植物都可以在审美的基础上得以解读。但我们发现，唯有茶这片叶子，和丝绸、陶瓷并列为中国文化的经典符号，那是有原因的。

如果我们将传统自然学科领域下的"茶学"转型升级为自然与人文相结合的"大茶学"，定义为茶学与茶文化学的全部总和，我们又将茶文化定义为"人类历史进程中创造的茶之人文精神的全部总和"，那么因其学科的综合特征，大茶学必然与自然及人文学科领域中的茶学、林学、农学、社会学、民俗学、人类学、艺术学、语言学、哲学、美学、历史学、心理学、经济学、医学等诸多学科互相联系渗透，以茶学与茶文化学为双重核心，构成跨学科的茶文化复合形态。

因此我们要说，将要读到的这部著作，是建立在大茶学建构下茶文化学术框架里的一部呈现之作。

茶在中国人的理念中，绝不仅仅是一片植物学意义上的叶子。茶之所以构成文化，基于从社会学、民俗学、人类学等领域显现出来的"柴米油盐酱醋茶"式的日常生活指代，继而升华到美学领域的"琴棋书画诗酒茶"空间，最终进入了信仰和宗教的云端。这三个依次上叠的层面，构成了茶文化的金字塔模式——既以茶习俗为文化地基，以茶美学为文化呈现，以茶意识为文化灵魂的茶文化知识体系。而艺术之神无时无刻不在其中自由穿梭、展翅飞翔，潘城的这部《隽永之美：茶艺术赏析》，正是这艺术之神洁白翅膀掠过时留下的印记。

茶艺术呈现建立在人类精神生活的审美文化层面，我们既然以琴棋书画诗酒茶来概括其内容，着眼以茶的品饮艺术，强调茶的审美实践与品味，内容便涵盖茶文学、茶艺术、茶空间、茶器物、茶品牌、茶技艺、茶非遗，尤其是在此审美历程中诞生的"中国茶语"——即关于中国茶的话语体系。它包括茶自身的物性表达，与茶相关的人类记忆解读，涉茶物质形态的文化诠释等。

茶是中国人的良心，它崇尚善良、自尊、独立和宽容，它内蕴神秘、自然、灵动和智慧；茶里凝固着中国人的基本人性，是来自中国幽深历史中的中庸含蓄，温绵和柔韧，它把中华文明集于一叶，溶于一杯，青枝绿叶，行遍全球，奉献人类。可以说，没有什么植物比茶更能够象征中国了，茶是中华民族不可或缺的重要文化符号，茶进入人们的精神领域，便成为人类的精神饮品，华夏文明的诸多基因和密码就浸沥在一盏茶中。从某种意义上说，品饮华茶便是品饮中国。

本书作者在茶与艺术、审美的领域探索、实践十多年，在本书中较为系统地提出了一个认识茶艺术的体系。从茶与书画、音乐、雕塑、建筑、戏剧、文学、影视、茶席、茶器九个艺术的大块面对茶与艺术的羽毛做了一次梳理，最后一章茶的美学则是他对前面九章内容的审美观照。

俱往矣，如今美的事物谁说了算？曾经宋徽宗与乾隆皇帝都努力过，劳动人民也创造过。艺术无定义，美更是主客观的同构，谁说了都算，也可以说谁说了都不算。而从茶人的角度，我们不妨浪漫地说：美的事物茶说了算。

茶文化学科带头人、教授
第五届茅盾文学奖得主   王旭烽

我一直特别偏爱"隽永"这个词，大家常说文章隽永，也会说人品隽永。辞典大致会解释为"形容艺术形式所表达的思想感情深沉幽远，意味深长，耐人寻味……"但总觉得说不清这个"隽永"究竟是一种什么滋味和感受。

　　直到十多年前读陆羽的《茶经》，原来"隽永"是一个名词。《茶经·五之煮》中说："其第一者为隽永，或留熟以贮之，以备育华救沸之用。"

　　原来，陆羽烹茶时第一次舀出的汤花就是"隽永"，要把它先存着，以备"育华救沸"之用，那可就是烹茶画龙点睛的一笔啊！之后舀出的茶汤都次于"隽永"，等到了第四、第五碗以后，不是渴极了就不值得喝了。

　　《茶经·六之饮》中又说："但阙一人而已，其隽永补所阙人。"每次读到这里我真是羡慕死了这个"所阙人"，谁在陆羽的时代这么好运，能够痛快地尝到一碗"隽永"呢？

　　若是从茶饮来理解，我们早已无法尝到茶圣的那碗"隽永"了。而在精神层面，特别是在美学层面细细地赏析、品读茶艺术作品，岂不正是在品味博大精深的茶文化中的"隽永"吗？茶艺术的风雅与优美，正可给我们的人生以"育华救沸"之用。茶艺术这碗"隽永"也常在补给我们这些"所阙之人"。

——题记

目
录

Contents
隽永之美——茶艺术赏析

绪论 释放茶文化的艺术天性

为什么这本书要谈"茶艺术"？因为——

茶以及诸多茶文化事项天然具有艺术性，它们本身就是可供审美的艺术品；

各种形式的艺术都选择了茶及茶文化作为优秀的创作题材；

茶文化与艺术有内在的共通性；

茶人应该是，也一直是——艺术家。

　　茶文化是人类在发现、生产、利用茶的过程中，以茶为载体，对人与自然、人与社会，以及人与人之间产生的各种理念、信仰、思想感情、意识形态的呈现和表述。

　　茶文化是物质与精神的双重存在，而在精神需求方面，茶表现出广泛的审美性。茶文化的内容丰富多样，其中"艺术"的部分足可成为一个专门研究、欣赏的重要分支。茶的绚丽多姿，茶文学艺术作品的五彩缤纷，茶器、茶艺、茶道、茶诗、茶画、茶音乐等的纷繁多样，满足了人们的审美需要。

一、茶艺术与"茶道"互为表里

"茶道"一词，古已有之，古代也有"茶之为艺"的说法。如唐代封演《封氏闻见记》中曰："楚人陆鸿渐为《茶论》，说茶之功效，并煎茶炙茶之法。造茶具二十四事，以都统笼贮之。远近倾慕，好事者家藏一副。有常伯熊者，又因鸿渐之论广润色之。于是茶道大行，王公朝士无不饮者。"这表明封演的"茶道"，当属"饮茶之艺"。而宋人陶谷《荈茗录·生成盏》中谈到的注汤成象，"馔茶而幻出物象于汤面者，茶匠通神之艺也。沙门福全生于金乡，长于茶海，能注汤幻茶，成一诗句。共点四瓯，并一绝句，泛乎汤表。"当属"点茶之艺"。还有许多古籍茶书提到两者关系，不再赘述。它们所谓的"茶艺"虽然大多局限于制茶、点茶、泡茶的技艺，但随着时代的发展，这个"茶艺"的内涵与外延在不断地丰富。也正是因为历史上一直有丰富美好的"茶之艺"，才能够体现出其中蕴涵的"茶之道"。设想这个茶文化由茶道、茶俗、茶艺三部分组成，茶道是形而上的精神存在，茶俗则是最庞杂的文化基础，而茶艺一方面以茶俗为汲取营养的土壤，另一方面又成为茶道的美学表达。当然这三部分又互相有着复杂的重叠与交融。

较早对茶道精神进行概括的茶学教育家庄晚芳先生提出"发扬茶德，妥用茶艺，为茶人修养之道"。他提出的中华茶德——"廉、美、和、敬"四字也被普遍接受。其中，"美"字就源自于茶文化艺术的美学精神。

二、茶艺术的综合学科性质

艺术的各个门类，如音乐、美术、舞蹈、雕塑等，是单一的，但茶文化艺术的学科性质是综合的。茶文化艺术不是专业的"技术"研究。只有建设综合科学，开展综合研究，才有理论前途。

希望未来能够再有论著，在"茶文化艺术"后面多加一个"学"字。

三、茶艺术的教育功能

茶文化艺术无论运用于茶文化学或艺术学的教育体系中，都是一个有力的补充。一方面可以让茶学、茶文化学专业的人士得到艺术、审美的教育；另一方面也可以让艺术学专业的人士获得一个绝佳的观察角度和值得深挖的切入口，可以帮助大家加强对中国文化特征的认识。

四、茶艺术是对茶文化学的补充

茶文化作为一门自然科学与社会科学相交叉的新兴学科已基本形成，并在形成发展中得到发扬光大。中国茶文化学的开创与建立，就是在茶文化不断传承与创新中成长与完善起来的。

"茶文化"一词的引用，始于二十世纪八十年代。不过，茶文化作为一种现象，它的出现、形成与发展在中国已绵延数千年。而"茶文化学"作为一门学科，却是二十一世纪初的新生事物。陈文华先生、姚国坤先生等学者先后研究、梳理了中国茶文化学的框架与脉络，并先后出版了《中国茶文化学》。

在这个中国茶文化学的大框架被构建起来之后，每一个分支都应该进一步做细化的理论研究。因此，茶文化艺术的梳理工作也是对茶文化学的一种理论的补充与展开。

五、茶艺术是雅俗共赏的艺术

茶文化是雅俗共赏的文化，茶文化艺术也是雅俗共赏的艺术。

谈到茶文化艺术，大家往往会进入一种误区，认为茶文化艺术都是高雅的艺术，在西方是贵族的艺术，在中国是文人士大夫的艺术，是上层的艺术。

实际上，茶文化艺术与茶文化本身一样，一直都表现出高雅和通俗两个方面，并在两者的统一中向前发展。历史上，宫廷贵族的茶宴、僧侣士大夫的斗茶、大家闺秀的分茶、文人骚客的品茶，是上层社会高雅的精致文化。由此派生出茶的诗词、歌舞、戏曲、书画、雕塑等诸门类具有很高欣赏价值的艺术作品。所以，有"琴棋书画诗酒茶"之说，这是茶文化高雅性的表现。而民间的饮茶习俗，十分大众化和通俗化，老少咸宜，贴近生活，贴近社会，贴近百姓，并由此产生了茶的民间故事、传说、谚语等，所以，又有"柴米油盐酱醋茶"之说，这就是茶文化的通俗性所在。但精致高雅的茶文化，是植根于通俗的茶文化之中的，经过吸收提炼，才上升到精致的茶文化。如果没有粗犷、通俗的茶俗土壤，茶文化艺术也就失去了生存的基础。

六、茶艺术的中国性与国际化

茶是一片神奇的东方树叶，生于中国南方古老的深山密林之中。长大后，周游列国，通过陆上丝绸之路和海上丝绸之路，后代已遍及世界五大洲的60余个国家。如今全世界已有160多个国家的近30亿人有饮茶习俗。茶文化艺术伴随着茶文化在全球的广泛传播，也就具有了多时期、多区域社会、多民族群体、多语言媒介的特征。茶作为一种优秀的艺术题材不仅被中国历代的艺术家所重视，也被全世界饮茶国家和地区的艺术家所钟爱。日本、英国、俄罗斯等国都出产了大量表现茶文化的绘画、建筑、音乐、戏剧和电影等艺术作品。

接着，来谈一谈艺术。由于"艺术"一词包含的意义太多，众说纷纭，莫衷一是，因此"艺术"也就没有了意义。谈论艺术就必须谈论一件一件具体的艺术品，姑且说，艺术是各种艺术品的总称。

只有当某种人工制作的物质对象以其形体存在诉诸人的情感本体时，亦即此物质形体成为审美对象时，艺术品才现实地出现和存在。因此，茶必须诉诸了茶人的情感，并成为审美的对象时，才称得上是茶文化艺术。

基于这一点，本书正是对各种艺术门类中茶艺术作品的梳理与赏析来完成对茶艺术的观察与研究。

如何将茶艺术分类？这是一个见仁见智的问题，分类的方法有很多，如分为文学艺术、造型艺术、表演艺术、物质艺术。或者按照区域分为中国茶艺术、日韩茶艺术、欧洲茶艺术、俄罗斯茶艺术、非洲茶艺术……又或者可以按照时间次序分为唐代以前的茶艺术、唐代茶艺术、宋代茶艺术、明清茶艺术等。但本书还是选择以艺术的表现形式为纲，并以人类文明中陆续诞生的几种经典的艺术形式作为分类法，又结合茶艺术的特点形成了：茶与书画、茶与音乐、茶与雕塑、茶与建筑、茶与戏剧、茶与文学、茶与影视、茶席艺术以及茶器艺术，最后一章茶的美学并非是一种艺术形式，而是对所有这些茶艺术作品从哲学美学层面上的一种观察与思考。

前六种艺术形式（绘画、音乐、雕塑、建筑、戏剧、文学）大体上是全世界公认的经典艺术形式，电影在十九世纪末诞生后被称为"第七类艺术"，而茶席艺术则是我在 2018 年出版的《茶席艺术》一书中提出的"第八类艺术"。这个提法不可能像电影一样得到广泛认可，虽然足以自圆其说，但是在研究茶文化艺术的领域之内，茶席作为一种艺术形式，其重要性是毋庸多言的。还要特别指出的是工艺美术在茶文化艺术中的重要性，集中表现在茶器艺术中。"器为茶之父"，各国、历代的茶器也成为重要的艺术作品与审美对象。

⊙ 明 仇英 《赵孟頫写经换茶图》

中国的民俗学、民俗文艺学奠基人钟敬文先生曾以一短诗道出了艺术研究的特殊性——

艺文重欣赏，

其次乃评论。

倘若两兼之，

品格自高峻。

他指出，真正的艺术品不是普通的研究对象。如果把文学艺术作品仅仅当作思想资料来研究处理，那是狭隘的。因为，艺术的内涵远远超过思想。艺术品里固然有思想，但更重要的是它还有感情，还有专门的艺术象征等其他方面的性质。更何况，它又与茶相融呢？

我们何不借助人类的各种艺术形式，来尽情释放茶文化的艺术天性呢！

第二章　茶与书画

书画艺术一直是古今中外表现茶文化最直观、最优美的形式，它使我们在感受茶的温馨时也接受了艺术熏陶。

《茶经·十之图》："以绢素或四幅或六幅，分布写之，陈诸座隅，则茶之源、之具、之造、之器、之煮、之饮、之事、之出、之略，目击而存，于是《茶经》之始终备焉。"这里就有用书画艺术来充分呈现茶文化的深刻含义。

茶的书画作品在茶文化发展的各个历史阶段都有呈现，其中包含了丰富的人文信息、历史信息、技术信息和艺术信息，对研究和欣赏茶文化有极高的价值，而书画艺术也是茶文化的助推剂。茶叶从单纯的饮用到艺术的品饮，书画在其中起着提升作用，使之从实用层面提升到了欣赏层面，从『柴米油盐酱醋茶』的层面提升到了『琴棋书画诗酒茶』的层面。

第一节 茶书法

中国书法是中国汉字特有的一种传统艺术。从广义讲，书法是指语言符号的书写法则。书法按照文字特点及涵义，以其书体笔法、结构和章法写字，使之成为富有美感的艺术作品，被誉为无言的诗，无形的舞，无图的画，无声的乐。

文字时代以来，书写就是人类社会日常生活不可或缺的活动。象形是汉字最早也是最重要的一种造字方法，形声、会意、指事诸造字法大抵都和象形法所造的基本字形相关。象形的内核使汉字不仅仅是一个个指代的符号，而是有着线条形态变化的图形构造。汉字的书写自甲骨、金石文起，就包含了技法、审美等书法艺术的要素。从此书法一直就是千百年来中国人乐此不疲的带有艺术意味的日常生活内容。而当茶成为人们经常饮用的日常生活用品之后，自然而然的也进入到被书写的行列，不胜枚举的茶书法艺术作品，既是艺术领域更是茶文化领域的宝贵财富。

一、怀素《苦笋帖》

《苦笋帖》是唐代僧人怀素所书的一通手札。两行十四字，"苦笋及茗异常佳，乃可径来。怀素上。"成为现存最早与茶有关的书法手札。

怀素是唐代最重要的书法家之一，以"狂草"名世，史称"草圣"。他自幼出家为僧，与张旭合称"癫张狂素"，形成唐代书法双峰并峙的局面，也是中国草书史上两座不可企及的高峰。

《苦笋帖》，绢本，长25.1厘米，宽12厘米，现藏于上海博物馆。字虽不多，但技巧娴熟，精练流逸。运笔如骤雨旋风，飞动圆转，虽变化无常，但法度具备，是怀素传世书迹中的代表作。

据其内容我们可知怀素也是爱茶之人，喜好苦笋与香茗。茶圣陆羽曾作《僧怀素传》，里面写到怀素经常与颜真卿切磋书法之事，而陆羽本人也与颜真卿是好友。可见怀素也是当时品饮集团中的人物。怀素爱茶，既是他的生活经历使然，也是当时的社会风俗使然。据唐人封演《封氏闻见记》中记载："开元中，泰山灵岩寺有降魔师大兴禅教，学禅务于不寐，又不夕食，皆许其饮茶。人自怀挟，到处煮饮，从此转相仿效，遂成风俗。"可知茶在佛门中大行其道。《苦笋帖》正是反映了唐代饮茶在禅门中的普及，茶文化成为高僧、文人和艺术家生活中不可或缺的部分。

⊙ 唐　怀素　《苦笋帖》

⊙ 宋　苏轼　《啜茶帖》

二、苏轼《啜茶帖》

宋代苏、黄、米、蔡四大书法家同时也都是茶人，他们的许多著作和书法作品中都散逸着茶香。

苏轼字子瞻，自号"东坡居士"，世称"苏东坡"，眉州眉山（今四川眉山）人。无论在中国文学史、书画史还是在茶文化史上，苏轼均有着十分突出的地位。

他的《啜茶帖》，也称《致道源帖》，是苏轼于元丰三年(1080)写给道源的一则便札，邀请道源饮茶，并有事相商。共二十二字，纵分四行。纸本，纵23.4厘米，横18.1厘米，现藏于故宫博物院。内容为："道源无事，只今可能枉顾啜茶否？有少事须至面白。孟坚必已好安也。轼上，恕草草。"谈啜茶，说起居，自然错落，丰秀雅逸，苏轼认为书法创作无意于嘉而嘉最好，此帖正是这种意境。

道源是刘采的字，刘采是位画家，以专门画鱼而闻名，擅长作词。苏轼写给刘采的这通书札，证明了宋人议事往往以茶饮为由。

此外，苏轼的《新岁展庆帖》《一夜帖》也都是茶文化书法的精妙之作。

三、黄庭坚《奉同公择尚书咏茶碾煎啜三首》

黄庭坚字鲁直，自号山谷道人，洪州分宁（今江西修水）人，是北宋盛极一时的江西诗派开山之祖。他是苏门四学士之一，与老师苏轼并称"苏黄"。他的书法独树一帜。

该帖为行书，与黄庭坚其他气势开张、连绵遒劲、长枪大戟的风格不同，中宫严密，端庄稳重，又不失潇洒。所书内容是其自作诗三首，建中靖国元年（1101）八月十三日书，第一首写碾茶，"要及新香碾一杯，不应传宝到云来。碎身粉骨方余味，莫厌声喧万壑雷"；第二首写煎茶，"风炉小鼎不须催，鱼眼常随蟹眼来。深注寒泉收第二，亦防枵腹爆乾雷"；第三首写饮茶，"乳粥琼糜泛满杯，色香味触映根来。睡魔有耳不及掩，直拂绳床过疾雷"。

⊙ 宋　黄庭坚　《奉同公择尚书咏茶碾煎啜三首》（局部）

四、米芾《道林帖》

米芾字元章，因他个性怪异，举止癫狂，人称"米癫"。徽宗诏为书画学博士，人称"米南宫"。米芾能诗文，擅书画，精鉴别，书画自成一家，创立了米点山水。

他的《道林帖》纸本，行书，纵30.1厘米，横42.8厘米，现藏北京故宫博物院。这是一首表现烹茗迎客的诗，书法自然天真、生气勃勃，"道林，楼阁鸣（鸣字点去）明丹垩，杉松振老髯。僧迎方拥帚，茶细旋探檐。"诗中描写的是在郁郁葱葱的松林中，有一座寺院，僧人一见客来，就扫去地上的尘埃相迎，以示敬意。"茶细旋探檐"是说从屋檐上挂着的茶笼中取出细美的茶叶烹煮待客。"探檐"一词也生动形象地记录了宋代茶叶贮存的特定方式。

米芾的绢本诗书《吴江垂虹亭作》是他在湖州行中所书，用笔枯润相间，诗中写道："断云一片洞庭帆，玉破鲈鱼金破柑。好作新诗寄桑苎，垂虹秋色满东南"。诗中虽未见茶字，但"桑苎"指陆羽，表达了米芾钦慕陆羽遗风的心绪。此外，他的书法代表作《苕溪诗卷》中也写道："懒倾惠泉酒，点尽壑源茶"。

五、蔡襄《思咏帖》

蔡襄字君谟，福建仙游人，曾任翰林学士。蔡襄书法浑厚端庄，淳淡婉美，自成一体。他还是宋代著名的茶学家，在任福建转运使时将原来的大龙团改成小龙团，号"上品龙凤"，嗣后又奉旨制成"密云龙"。他对茶叶从采摘加工到品饮赏鉴，每个环节都极精通，自诗书《北苑十咏》，上书仁宗皇帝的《茶录》既是蔡襄的书法代表作，也是宋代茶文化的代表作，是中国历史上一部举足轻重的茶文献。

而他的尺牍《思咏帖》，也是茶书法中的珍品。宋皇祐二年（1050）十一月，蔡襄自福建仙游出发，应朝廷之召，赴任右正言、同修起居注之职。途经杭州，约逗留两个月后，于1051年初夏，继续北上汴京。临行之际，他给邂逅钱塘的好友冯京留了一封手札，这就是《思咏帖》。纸本，纵29.7厘米，横39.7厘米，现藏于中国台北故宫博物院。全文是："襄得足下书，极思咏之怀。在杭留两月，今方得出关，历赏剧醉，不可胜计，亦一春之盛事也。知官下与郡侯情意相通，此固可乐。唐侯言：'王白今岁为游闰所胜，大可怪也'。初夏时景清和，愿君侯自寿为佳。襄顿首。通理当世足下。大饼极珍物，青瓯微粗。临行匆匆致意，不周悉。"

信中提到了有关茶的事情，也就是当时的斗茶活动。这就证明了斗茶一艺在宋代士大夫们生活中的特殊地位。尾后两行所书"大饼极珍物，青瓯微粗"，其中的"大饼"，当指当时的贡茶大龙团；"青瓯"，则当指浙江龙泉青瓷茶碗。在这一茶友间的礼尚往来中，我们

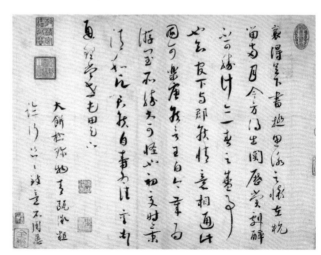

⊙ 宋　蔡襄　《思咏帖》

还能感觉到，在茶具的使用上，除斗茶所必用的兔毫盏外，日常品茶，恐怕还是多取青瓷的。《思咏帖》书体属草书，共十行，字字独立而笔意暗连，用笔虚灵生动，精妙雅妍。

此外，蔡襄的《精茶帖》《扈从帖》也都是茶书法中的珍品。

六、徐渭《煎茶七类》

徐渭字文长，号天池山人、青藤道士，浙江绍兴人，明代文学家、书画家。他一生坎坷，晚年狂放不羁，孤傲淡泊。他的艺术创作鲜明地反映了这一性格特点。他的《煎茶七类》是艺文双璧的杰作，此帖带有米芾遗风，笔画挺劲腴润，布局潇洒而不失严谨，行笔自由奔放，独具一格。

释文如下：

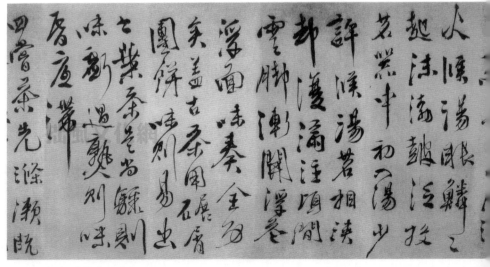

⊙ 明　徐渭《煎茶七类》

人品。煎茶虽微清小雅，然要领其人与茶品相得，故其法每传于高流大隐、云霞泉石之辈、鱼虾麋鹿之俦。

品泉。山水为上，江水次之，井水又次之。并贵汲多，又贵旋汲，汲多水活，味倍清新，汲久贮陈，味减鲜冽。

烹点。烹用活火，候汤眼鳞鳞起，沫浮鼓泛，投茗器中，初入汤少许，候汤茗相浃却复满注。顷间，云脚渐开，浮花浮面，味奏全功矣。盖古茶用碾屑团饼，味则易出，今叶茶是尚，骤则味亏，过熟则味昏底滞。

尝茶。先涤漱，既乃徐啜，甘津潮舌，孤清自蒙，设杂以他果，香、味俱夺。

茶宜。凉台静室，明窗曲几，僧寮、道院，松风竹月，晏坐行吟，清谭把卷。

茶侣。翰卿墨客，缁流羽士，逸老散人或轩冕之徒，超然世味也。

茶勋。除烦雪滞，涤醒破疾，谭渴书倦，此际策勋，不减凌烟。

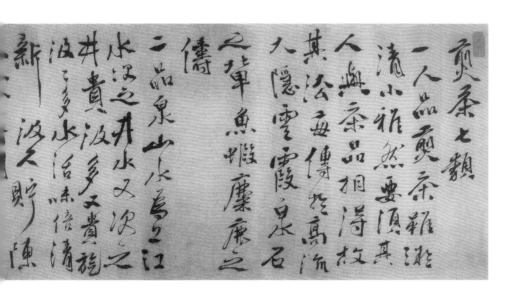

⊙ 清 郑板桥书法

七、郑燮《茶诗》

郑板桥名燮，字克柔，江苏兴化人，清代书画家、文学家，是"扬州八怪"中影响很大的一位。人称画、诗、书三绝。他善于画竹，与茶有关的作品丰富。

他有一首脍炙人口的茶诗作品："溢江江口是奴家，郎若闲时来吃茶。黄土筑墙茅盖屋，门前一树紫荆花。"其书法初学黄庭坚，加入隶属笔法，自成一格，将篆、隶、行、楷融为一炉，自称"六分半书"，后人以乱石铺街来形容他书法的章法特征。郑板桥喜欢把饮茶与书画并论，在他看来两者均随人的不同而不同。雅俗之间的转换就看能否得到真趣。而雅趣的知音，不在百无聊赖的"安享"之人，而是那些"天下之劳人"。从这首诗书作品中最能品味出这样的韵味。饮茶的真趣与书画的创作对他来说是如此的契合。

当代的茶题材书法更是随处可见，著名的如赵朴初、溥杰、启功、金庸、林乾良等。

茶篆刻 第二节

篆刻是镌刻印章的通称，在中国的艺术形式当中，方寸之间的篆刻往往更能体现艺术家的匠心与功力。我国篆刻艺术历史悠久。早在春秋战国时期，印章就已十分盛行，到汉代，各种风格的印章均已达到很高的艺术境界。元末开始使用石章，改变了篆印、刻印的历史。刻印者自篆自刻，促成了明清以来篆刻艺术的大发展。而历代的印章之中都不泛茶题材的佳作，正如林乾良先生之谓：茶印千古情。

一、汉印里的"茶"

秦汉以前，茶字印甚少。从现存古玺印痕中可以看到如"牛茶"和"侯茶"等印章。

"张茶"汉篆圆形白文印，系一张氏以"茶"为名者的私印，刊于清代陈介棋所辑《钟山房印举》，是迄今史料中所能见到的最早的茶字印，全印清丽灵动，刚朗洒脱。

⊙ 汉印"茶陵"

⊙ 先秦印"牛茶"

⊙ 先秦印"侯茶"

二、"煮茶亭长"项元汴

"煮茶亭长"印是堪称中国古今第一大收藏家项元汴的一方闲章。项元汴（1525—1590），字子京，号墨林居士，别号香光居士、退密斋主等，浙江嘉兴人，明代大鉴赏家，兼能书画。"煮茶亭长"朱文长方印是项元汴铃在"元四家"之一王蒙的《太白图卷》上的。项元汴的这枚四字闲印，与其别号印"惠泉山樵"朱文长方印以及"癖茶居士"的白文方印，一起展现了项元汴酷爱书画收藏，而且又常在山间小亭中煮茶听泉消度时光的情景。

三、乾隆的茶印章

"一瓯香乳听调琴"朱文长方印，是乾隆皇帝的一枚闲印，曾铃于明代画家文伯仁的《金陵十八景册》。文伯仁是文征明的侄子，擅长山水、人物画。印文中"香乳"一词指的是香茶。印文与唐代周昉的《调琴啜茗图》有异曲同工之妙。

⊙ 一瓯香乳听调琴

四、"茶熟香温"的传承

"茶熟香温"已成篆刻作品中的经典,最早源于"扬州八怪"之一的边寿民。边寿民（1684—1752），初名维祺,字渐僧,号苇间居士,江苏淮安人。晚年在扬州地区以卖画为生,工诗词、书法,画山水、花鸟,尤为擅长画芦雁。边寿民在乾隆癸亥年作的《芦雁图卷》上钤有一枚"茶熟香温且自看"朱文方印,此印文出自明代嘉兴籍的书画大家与艺术评论家李日华的一首诗："霜落蒹葭水国寒,浪花云影上渔竿。画成未似将人去,茶熟香温且自看。"边寿民以此为印,当是用以表达自己在扬州卖画的景观和心情。古代文人画家生活贫困且又孤傲自赏的性格浓缩于该印文中。

此后,清代"西泠八家"之一的黄易也制朱文方印"茶熟香温且自看"。仿汉印风格,苍劲古拙,清刚朴茂,为典型浙派篆刻代表作。此印边款跋录了李日华的全诗,刊于《西泠四家印谱》。

清代山水画家戴熙在为晏彤写《溪山深秀山水卷》中亦钤有"茶熟香温"白文方印。清画家董邦达在其自作的山水画上也钤有"茶熟香温"白文方印。"茶熟香温"四字成为经典的印文而流传至今。

⊙ 茶熟香温且自看

⊙ 茶熟香温

五、"松窗听雪烹茶"

"松窗听雪烹茶"这枚印章见于弘旿的印谱。弘旿为清宗室，字卓亭，号恕斋、一如居士等，满洲人。能诗，工书画，治石印。朱文长方印，篆体。在篆体中，笔画多求简势，显得清丽、雅致。在古人眼里，"岁寒三友"之一的松柏与茶之高洁纯真的品性相同，而松有延年之意，茶有长寿之用。复读此印文之时，一幅描绘文人生活情趣的茶画仿佛展现在眼前：高山松林下的茅屋中，一人独坐窗前，屋外大雪纷飞，屋内茶炉火焰正旺。这也足见清代宗室对文人雅士情致的追求。

六、赵之谦的"茶梦轩"

晚清的篆刻大师赵之谦留下的印章有七百余枚。在他一刀一笔缔造的泱泱印海里，有一方印与茶有关，是为"茶梦轩"。"茶梦轩"到底为何物，史料不详。此印也许就是他藏书楼里的一间茶室。不过从印面看，其"疏可走马密不容针"的章法，虚实对比强烈，线条匀实，用刀稳健，结字朴茂，有汉印遗风，颇有欣赏价值。而此印更大的价值在于边款。边款上将"荼"与"茶"之间的历史演变关系进行了一次梳理。可见赵之谦对茶文化一事是极为认真的。

此印边款的内容是：

说文无茶字，汉荼宣、荼宏、荼信印皆从木，与茶正同，疑荼之为茶，由此生误。搗叔。

⊙ 茶梦轩

古代茶史里，关于"荼"字减一画而成"茶"的论调，说法各异，姑且不论。但他的边款，刻上金石考据文字，亦足见其治学方面博采旁求的精神。

七、吴昌硕的茶印

晚清时期篆刻艺术继秦汉之后再度出现了鼎盛，以书画著称的吴昌硕就是这一时期影响最大的篆刻家之一。他从事篆刻艺术六十余年，作品风格几度流变。他也一生爱茶、画茶，亦有不少茶印，如"茶禅""茶苦""茶邨"等。他的茶印，不仅数量多，章法也多有变化，似乎总在求新。

"茶禅"，朱文方形印，虽仅为两字，但没有平均用力，"禅"字稍大，且右偏旁稍耸，于中部留出的空白，仿佛留下一块想象的天地。

"茶苦"，朱文半通印，刻时为"茶苦"，大抵是取自《诗经·邶风·谷风》里的句子："谁谓荼苦，其甘如荠。"此印苍厚流畅，字里行间充溢着古典的书情墨趣。

"茶邨"，朱文方形私印。此印上紧下松，左高右低，首敛脚舒，疏密有致。最可观之处是左半部"屯"的左笔，代为印边，有戛然而止之感。这种有意为之，颇见吴氏匠心。

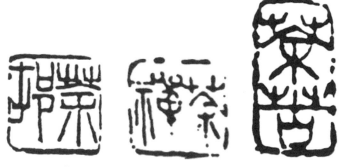

⊙ 吴昌硕茶印

吴昌硕还有一方"茶"押印。押印是一种独特的印章形式，它既不同于秦汉时期的玉印铸印，又不同于明清以降的文人流派印章。押印与它们的主要区别在于入印文字的不同。据资料记载，茶押印左下方的符押图案，颇像一把茶壶，可惜未曾一见。关于押印，现代大画家吴冠中先生也有一枚常用的押印"茶"。

吴昌硕还有不少刻于紫砂壶上的印，是他一生热爱紫砂的明证。统计起来，吴昌硕曾在紫砂壶上刻过的印有"苦壶""云壶""壶园寓公""壶客"等。

八、曼生壶铭

在紫砂壶上雕刻花鸟、山水和各体书法，始自晚明而盛于清嘉庆以后。不少著名的诗人、艺术家曾在紫砂壶上亲笔题诗刻字。铭文往往以刀代笔，精妙绝伦。这其中尤其杰出者就是"西泠八家"之一的陈曼生了。

陈鸿寿（1768—1822），字子恭，号曼生、种榆道人，钱塘（今浙江杭州）人，生平雅好摩崖碑版，又工诗文，善花卉，擅长书法，尤精隶书，结字简古奇崛，用笔恣肆爽健，独具面貌。陈鸿寿篆刻服膺丁敬，并与奚冈、陈豫钟交好。作品在"西泠八家"中以气壮力厚为胜，也是浙派篆刻的中坚代表。他在溧阳任县令时结识了清嘉庆年间的制砂壶名家杨彭年。

杨彭年，字二泉，号大鹏，荆溪人，一说浙江桐乡人，弟宝年、妹凤年，均为当时制壶名艺人，善于配泥，所制茗壶，玉色晶莹，气韵温雅，浑朴玲珑，具天然之趣，艺林视为珍品。陈鸿寿与杨彭年合作的"曼生壶十八式"成为了文人紫砂的高峰，历来为鉴赏家所珍爱。

"曼生壶"，无论是诗、文，或金石、砖瓦文字，都是写刻在壶的腹部或肩部，而且满肩、满腹，占据空间较大，非常显眼，再加上署款"曼生""曼生铭""阿曼陀室"或"曼生为七芗题"等，都是刻在壶身最为引人注目的位置，格外突出。题识如：

石铫：铫之制 抟之工 自我作 非周种

汲直：苦而旨 直其体 公孙丞相甘如醴

却月：月满则亏 置之座隅 以为我规

横云：此云之腴 餐之不臞 列仙之儒

百衲：勿轻短褐 其中有物 倾之活活

合欢：蠲忿去渴 眉寿无割

春胜：宜春日 强饮吉

古春：春何供 供茶事 谁云者 两丫髻

饮虹：当熊熊 气若虹 朝阊阖 乘清风

井栏：栏井养不穷 是以知汲古之功

钿盒：钿合丁宁 改注茶经

覆斗：一勺水 八斗才 引活活 词源来

瓜形：饮之吉 瓟瓜无匹

牛铎：蟹眼鸣和 以牛铎清

井形：天茶星 守东井 占之吉 得茗饮

⊙ 曼生壶

延年半瓦：合之则全 偕壶公以延年

葫芦：作葫芦画 悦亲戚之情话

飞鸿延年：鸿渐于磐 饮食衎衎 是为桑苎之器 垂名不刊

天鸡：天鸡鸣 宝露盈

合斗：北斗高 南斗下 银河泻 阑干挂

提梁：提壶相呼 松风竹炉

　　曼生壶是文人与紫砂艺术珠联璧合的一代典范，以文人特有的审美取向，将诗词的意境、书法的飘逸、绘画的空灵、金石的质朴有机而生动地融入紫砂壶。曼生壶简洁明快的造型、深刻隽永的题铭乃至书法篆刻、在壶体上的布局章法都值得后人细细品味，使紫砂壶艺术达到炉火纯青的境界，也才使得文人紫砂壶升华为融合多种文化元素的绝佳载体，令后人叹为观止。

茶绘画 第三节

绘画是对自然景物、社会生活的一种描摹或再现。绘画起源甚早，早在旧石器时代人类居住的山洞中，洞壁就留有早期人类的画作。

真正明确关于茶的有关画卷，迟至唐朝才见提及。开元年间，不只是茶和诗的蓬勃发展年代，也是我国国画的兴盛时期。著名画家就有吴道子、张萱、曹霸、韩干、王维、周昉等数十人。而这时，如《封氏闻见记》所载，寺庙饮茶，"遂成风俗"；在地方及京城，还开设店铺，"煎茶卖之"。上述这么多绘画名家，不可能不把当时社会生活和宗教生活中新兴的饮茶风俗吸收到画作中去。

一、阎立本《萧翼赚兰亭图》

《萧翼赚兰亭图》绢本，设色，纵 27.4 厘米，横 64.7 厘米，无款印。作者相传为唐代著名的人物画家阎立本。

贞观二十三年（649），唐太宗自感不久于人世，下诏死后一定要以王羲之的《兰亭序》墨迹为随葬品。为此他派出监察御史萧翼，乔装成一个到南方卖蚕种的潦倒书生，从越州僧人辩才手中骗得王羲之的真迹。唐太宗遂了心

⊙ 唐　阎立本　《萧翼赚兰亭图》

愿，辩才气得一命呜呼。

　　此画就是根据唐人何延之《兰亭记》中记载的这个故事创作的。画面上正是萧翼和辩才索画，萧翼洋洋得意，老和尚辩才张口结舌，失神落魄，人物表情刻画入微。有趣的是画面一旁有一老一少二仆在茶炉上备茶，两位烹茶之人小于其他三人，但神态极妙。老者手持火箸，边欲挑火，边仰面注视宾主；少者俯身执茶碗，正欲上炉，炉火正红，茶香正浓。

　　宋代也有人提出此画的内容并非"萧翼赚兰亭"，而是《陆羽点茶图》，画面中的白衣书生正是陆羽，而那老僧是陆羽的师父智积。

　　尽管历史上对此画的主题有所争议，但其中的煮茶场景从茶文化研究的角度来看，却是引人注目的，此画对反映唐代茶文化具有重要的价值。第一，这是迄今为止所见的最早在绘画形式中表现茶饮的作品；第二，形象地反映了"客来敬茶"的传统习俗；第三，画面中的茶具形制和煮茶方式可以作为研究当时禅门茶饮风格的重要参照。

二、周昉《调琴啜茗图》

《调琴啜茗图》是唐代画家周昉的作品。周昉是中唐时期重要的人物画家，多写仕女，所作优游闲适，容貌丰腴，衣着华丽，用笔劲简，色彩柔艳，为当时宫廷、士大夫所重，称绝一时。此画现藏美国密苏里州堪萨斯市纳尔逊·艾金斯艺术博物馆。

《调琴啜茗图》以工笔白描的手法，细致描绘了唐代宫廷女子品茗调琴的场景。画面分左右两部分，共五个女人。画幅左侧一青衣襦裙的宫中贵人半坐于一方山石上，膝头横放一张仲尼式的雅琴，左手拨弦校音，右手转动轸子调弦，神情专注；她身后站立一名侍女，手捧托盘，盘中放置茶盏、茶橐，等候奉茶；旁边侧坐一红衣披帛女子，正在倾听琴音。画幅右侧一素衣披帛的宫中贵人端坐绣墩上，双手合拢，意态娴雅；她身旁也站立一名奉茶侍女。画幅中心那名调琴女子刻画的最是精细、生动，从她身上那薄如蝉翼的披帛到拨弦转轸的玉指，都描绘得十分传神。

图中绘有桂花树和梧桐树，寓意秋日已至，颇有些美人迟暮之感，贵妇们似乎已预感到花季过后面临的将是凋零。那调琴和啜茗的妇人肩上的披纱滑落下来，显出她们慵懒寂寞和睡意惺忪的颓唐之态。

⊙ 唐　周昉　《调琴啜茗图》

全卷构图松散，与人物的精神状态是和谐的。整个画面人物或立或坐，或三或两，疏密有致，富于变化，有很强的节奏感。作者通过人物目光的视点巧妙地集中在坐于边角的调琴者身上，使全幅构图呈外松内紧之状。卷首与卷尾的空白十分局促，疑是被后人裁去少许。

画中人物线条以游丝描为主，并渗入了一些铁线描，在回转流畅的游丝描里平添了几分刚挺和方硬之迹，设色偏于匀淡，衣着全无纹饰，有素雅之感。人物造型继续保持了丰肥体厚的时代特色，姿态轻柔，特别是女性的手指刻画得十分柔美、生动。

三、佚名《宫乐图》

《宫乐图》的作者是谁虽无从考证，但此画仍是唐代最为著名的茶画之一。《宫乐图》绢本，设色，并没有画家的款印，原本的签题是《元人宫乐图》，然而这画怎样看都是唐代的风貌。后来据沈从文先生考证，此画出自晚唐，画中应是宫廷女子煎茶、品茶的再现。遂改定成《唐人宫乐图》。现藏于中国台北故宫博物院。

画中描摹了宫中仕女奏曲赏乐，合乐欢宴的情景，也同时留下了当时品茶的情形。画面中央是一张大型方桌，后宫嫔妃、侍女十余人，围坐、侍立于方桌四周，姿态各异。有的在行令，有的正用茶点，有的团扇轻摇，品茗听乐，意态悠然。方桌中央放置一只大茶釜，每人面前有一茶碗，画幅右侧中间一名女子手执长柄茶杓，正在将茶汤分入茶盏里，再慢慢品尝。中央四人，则负责吹乐助兴。所持用的乐器，自右而左，分别为筚篥、琵琶、古筝与笙。旁立的二名侍女中，还有一人轻敲牙板，为她们打着节拍。她身旁的那名宫女手持茶盏，似乎听乐曲入了神，暂忘了饮茶。对面一名宫女则正在细啜茶汤，津津有味，侍女在她身后轻轻扶着，似乎害怕她便要茶醉了。众美人脸上表情陶醉，席间的乐声定然十分优美，连蜷卧在桌底下的宠物狗都似乎醺醉了，整个气氛闲适欢愉。

⊙ 唐　佚名　《宫乐图》

　　画上的美人气韵风度贴近于张萱、周昉二家的风格。有的美人发髻梳向一侧，是为"坠马髻"，有的则把发髻向两边梳开，在耳朵旁束成球形的"垂髻"，有的则头戴"花冠"，凡此皆是唐代女性的装束。

　　千余载传下来的《宫乐图》，绢底多少有些斑驳破损，然作画时先施了胡粉打底，再赋予厚涂，因此，颜料剥落的情形并不严重，画面的色泽依旧十分亮丽。美人脸上的胭脂，似是刚刚绽出。身上所着的猩红衫裙、帔子，连衣裳上花纹的细腻变化，至今犹清晰可辨。

　　晚唐正值饮茶之风昌盛之时，茶圣陆羽的煎茶法不但合乎茶性茶理，且具文化内涵，不仅在文人雅士、王公朝士间得到了广泛响应，女人品茶亦蔚然成风。从《宫乐图》可以看出，茶汤是煮好后放到桌上的，之前备茶、炙茶、碾茶、煎水、投茶、煮茶等程式自然由侍女们在另外的场所完成；饮茶时用长柄茶杓将茶汤从茶釜盛出，舀入茶盏饮用。茶盏为碗状，有圈足，便于把持。

可以说这是典型的"煎茶法"品饮场景的重现，也是晚唐宫廷中女人们茶事昌盛的写照。

五代时，西蜀和南唐都专门设立了画院，邀集著名画家入院创作。宋代也继承了这种制度，设有翰林图画院。加之宋代饮茶堪称巅峰时期，以茶为题材的绘画作品变得更加丰富。

四、赵佶《文会图》

宋徽宗赵佶，轻政重文，喜欢收藏历代书画，擅长书法、人物花鸟画。一生爱茶，嗜茶成癖，著有茶书《大观茶论》，是中国第一部由皇帝编写的茶叶专著，致使宋人上下品茶盛行。他常在宫廷以茶宴请群臣、文人，有时兴至还亲自动手烹茗、斗茶取乐。

《文会图》绢本，设色，纵184.4厘米，宽123.9厘米。现藏于中国台北故宫博物院。描绘了文人会集的盛大场面。在一个豪华庭院中，设一巨榻，榻上有各种丰盛的菜肴、果品、杯盏等，九文士围坐其旁，神志各异，潇洒自如，或评论，或举杯，或凝坐，侍者们有的端捧杯盘，往来其间，有的在炭火桌边忙于温酒、备茶，其场面气氛热烈、人物神态逼真。

图中从根部到顶部不断缠绕的两株树木，虽然复杂，但由于含蓄的表现，因此毫无杂乱夸张之感，而像是观察树木真实生长状况后描绘出的细腻作品。徽宗时期画院作品常有种纤尘不染的明净感。《文会图》中即使在各种树木垂下的细小叶片上，也可以发现这种特质。

从图中可以清晰地看到各种茶具，其中有茶瓶、都篮、茶碗、茶托、茶炉等。名曰"文会"显然是一次宫廷茶宴。

⊙ 宋 赵佶 《文会图》

五、刘松年《茗园赌市图》

刘松年，钱塘（杭州）人，因居住在杭州清波门，而清波门又被称为暗门，故刘松年又被称为"暗门刘"。他的画精人物，神情生动，衣褶清劲，精妙入微。他的《斗茶图》在茶文化界地位尊崇，是世人首推的。他一生中创作的茶画作品不少，流传于世的却不多，《茗园赌市图》是其中的精品，艺术成就很高，成了后人仿效的样板画。

本幅绢本浅设色画，无款，此画现存于中国台北故宫博物院。画中以人物为主，男人、女人、老人、壮年、儿童，人人有特色表情，眼光集于茶贩们的"斗茶"，茶贩有注水点茶的，有提壶的，有举杯品茶的。右前方有一挑茶担卖茶小贩，停肩观看。个个形象生动逼真，把宋代街头民间茗园"赌市"的生动情景淋漓尽致地描绘在世人面前。

而他另一幅重要的茶画作品《撵茶图》则表现了另一番场景，描绘了宋代从磨茶到烹点的具体过程和场面。画中一人跨坐凳上推磨磨茶，出磨的末茶

⊙ 宋　刘松年
《茗园赌市图》

呈玉白色，当是头纲芽茶，桌上尚有备用的茶罗、茶盒等；另一人伫立桌边，提着汤瓶点茶，左手边是煮水的炉、壶和茶巾，右手边是贮泉瓮，桌上是备用的茶筅、茶盏和盏托。一切显得安静整洁、专注有序，是贵族官宦之家讲究品茶的幕后场面，反映出宋代茶事的繁华。画面的右边有三人，一僧人伏案作书，另有两位文人观看。说明当时文人的诗意生活离不开茶的佐助，这一情形在此画中显得尤为生动。

六、辽墓壁画茶图

二十世纪后期在河北省张家口市宣化区下八里村考古发现一批辽代的墓葬，墓葬内绘有一批茶事壁画。绘画线条流畅，人物生动，富有生活情趣。这些壁画全面真实地描绘了当时流行的点茶技艺的各个方面，对于研究契丹统治下的北方地区的饮茶历史和点茶技艺有极高的价值。

张文藻墓壁画《烹茶探桃图》，壁画右前有船形茶碾一只，茶碾后有一黑皮朱里圆形漆盘，盘内置曲柄锯子、毛刷和茶盒。盘的后方有一莲花座风炉，炉上置一汤瓶，炉前地上有一扇。壁画右有四人，一童子站在跪坐碾茶者的肩上取吊在放梁上竹篮里的桃子，一老妇用围兜承接桃子，主妇手里拿着桃子。主妇身前的红色方桌上置茶盏、酒坛、酒碗等物，身后方桌上是文房四宝。画左侧有一茶具柜，四小童躲在柜和桌后嬉乐探望。壁画真切地反映了辽代晚期的点茶用具和方式，细致真实。

张世古墓壁画《进茶图》，壁画中三人，中间一女子手捧带托茶盏，托黑盏白，似欲奉茶至主人。左侧一人左手执扇，右手抬起，似在讲什么。右侧一女子侧身倾听。三人中间的桌上置有红色盏托和白色茶盏，一只大茶瓯，瓯中有一茶匙。点茶有在大茶瓯中点好再分到小茶盏中饮用的情形。桌前地上矮脚火盆炉火正旺，上置一汤瓶煮水。

6号墓壁画《茶道图》，壁画中共有六人（一人模糊难辨），左前一童子在碾茶，旁边有一黑皮朱里圆形漆盘，盘内置曲白色茶盒；右前一童子跪坐执扇

⊙ 辽 《烹茶探桃图》

⊙ 辽 《进茶图》

⊙ 辽 《茶道图》

对着莲花座型风炉扇风，风炉上置汤瓶（比例偏大）煮水，左后一人双手执汤瓶，面前桌上摆放茶匙、茶筅、茶罐、瓶篮等。右后一女子手捧茶瓯，侧身回头，面前一桌，桌上东西模糊难认。后中一童子伏身在茶柜上观望。

七、唐寅《事茗图》

茶画到了明清，不仅有许多文献记载，存画也逐渐丰富起来。

明代"吴门画派"的一批书画大家对以茶事为题材的书画均有佳构。

唐寅字伯虎，一字子畏，号六如居士、桃花庵主等，吴县（今江苏苏州）人。他玩世不恭而又才气横溢，诗文擅名，与祝允明、文征明、徐祯卿并称"江南四才子"，画名更著，与沈周、文征明、仇英并称"吴门四家"。

他的茶画代表作为《事茗图》，长卷，纸本，设色，纵31.1厘米，横105.8厘米，现藏于北京故宫博物院。

此图描绘文人雅士夏日品茶的生活景象。开卷但见群山飞瀑，巨石巉岩，山下翠竹高松，山泉蜿蜒流淌，一座茅舍藏于松竹之中，环境幽静。屋中厅堂内，一人伏案观书，案上置书籍、茶具，一童子煽火烹茶。屋外板桥上，有客策杖来访，一僮携琴随后。泉水轻轻流过小桥。透过画面，似乎可以听见潺潺

⊙ 明　唐寅　《事茗图》

水声，闻到淡淡茶香。具体而形象地表现了文人雅士幽居的生活情趣。此图为唐伯虎最具代表性的传世佳作。画面用笔工细精致，秀润流畅的线条，精细柔和的墨色渲染，多取法于北宋的李成和郭熙，与南宋李唐为主的画风又有所不同，为唐寅秀逸画格的精作。幅后自题诗曰："日长何所事，茗碗自赍持。料得南窗下，清风满鬓丝。"引首有文征明隶书"事茗"二字，卷后有陆粲书《事茗辨》一篇。

八、文征明《惠山茶会图》

文征明原名璧，字征明，号衡山居士，明代画家、书法家、文学家，长州（今江苏苏州）人，是继沈周之后吴门画派的领袖。

文征明好茗饮，一生以茶为主题的书画颇丰，书法有《山静日长》《游虎丘诗》等，绘画有《惠山茶会图》《品茶图》《林榭煎茶图》《茶具十咏图》等，而《惠山茶会图》是文征明茶画中堪称精妙之作。

此图纸本，设色，纵 21.9 厘米，横 67 厘米，现藏北京故宫博物院。描绘文征明与好友蔡羽、汤珍、王守、王宠等游览无锡惠山，在山下井畔饮茶赋诗的情景。二人在茶亭井边席地而坐，文征明展卷颂诗，友人在聆听。古松下一

⊙ 明　文征明　《惠山茶会图》

茶童备茶，茶灶正煮井水，茶几上放着各种茶具。作品运用青绿重色法，构图采用截取法，突出"茶会"场面。树木参差错落，疏密有致，并运用主次、呼应、虚实及色调对比等手法，把人物置于高大的松柏环境之中，情与景相交融，鲜明表达了文人的雅兴。笔墨取法古人，又融入自身擅长的书法用笔。画面人物衣纹用高古游丝描，流畅中间见涩笔，以拙为工。

九、陈洪绶《闲话宫事图》

陈洪绶，字章侯，号老莲，明末清初书画家、诗人，浙江诸暨枫桥人。崇祯年间召入内廷供奉，明亡入云门寺为僧，后还俗，以卖画为生。一生以画见长，尤工人物画，画中人物亦仙亦道，不落人间的尘埃，作品多有茶事题材。

《闲话宫事图》中有一男一女品茶，两两对座，中间放一把紫砂壶，壶中有茶，茶中有情，此情可待成追忆。女子手执一卷，眼光落于书上，深思却在书外。宫事早去，只能闲话一二。这美人画的传神，装束古雅，眉目端凝，古拙中自有一段风流妩媚，似澹而实美。冲淡中至妙境，不落形迹。勾线劲挺，透着怪诞之气，其

⊙　明　陈洪绶　《闲话宫事图》

中女子虽仍旧是一派遗世独立样子，有"深林人不知，明月来相照"的意境。然而似乎又看出画中男女二人历经沧桑，淡定之中的一点"情"。如此再看他的茶画，就读出一代遗老对前朝往事的去国之痛，孤冷中更兼几分禅意。

十、薛怀《山窗清供图》

薛怀，清乾隆年间人，字竹君，号季思，江苏淮安人，擅花鸟画。他的《山窗清供图》以线勾勒出大小茶壶和盖碗各一，用笔略加皴擦，明暗向背十分朗豁，其中掺有西画的手法，使其质感加强，更加突出了茶具的质朴可爱。画面上自题五代诗人胡峤诗句："沾牙旧姓余甘氏，破睡当封不夜侯。"另有当时诗人、书家朱显渚题六言诗一首："洛下备罗案上，松陵兼到经中。总待新泉活水，相从栩栩清风。"道出了茶具功能及其审美内涵。在清代茶具作为清供入画，反映了清代人对茶文化艺术美的又一追求，更多的隽永之味，引发后人的遐想。

⊙ 清　薛怀　《山窗清供图》

⊙ 民国　吴昌硕　《品茗图》

十一、吴昌硕《品茗图》

　　吴昌硕，名俊卿，号缶庐。浙江安吉人，清末民国时期"海上画派"最有影响力的画家之一，诗、书、画、印四绝，堪称近代的艺术大师，是西泠印社的首任社长。

　　吴昌硕爱梅、爱茶，他的作品也不时流露出一种如茶如梅的清新质朴感。他七十四岁时画的《品茗图》充满了朴拙之意：一丛梅枝自右上向左下斜出，疏密有致，生趣盎然。花朵俯仰向背，与交叠穿插的枝干一起，造成强烈的节奏感。作为画中主角的茶壶和茶杯，则以淡墨勾皴，用线质朴而灵动，有质感，有拙趣，与梅花相映照，更觉古朴可爱。吴昌硕在画上所题"梅梢春雪活火煎，山中人分仙乎仙"，道出了赏梅品茶的乐趣。

十二、当代茶画

当代，随着多元文化的蓬勃兴起和相互交错，在中国乃至世界有重要影响的一批书画名家，也都创作了不少以茶为题材的茶事书画作品。

齐白石，名纯芝、璜，字渭清，号白石等，湖南湘潭人，二十世纪著名的书画大师和篆刻巨匠，曾被授予"中国人民艺术家"的称号。齐白石的作品中有不少茶的形象，如《寒夜客来茶当酒》立轴，以宋人杜小山的诗句《寒夜》为题，全诗为："寒夜客来茶当酒，竹炉汤沸火初红。寻常一样窗前月，才有梅花便不同。"画面上墨梅一枝、油灯一盏、提梁壶一把，将画题点出。寓繁于简，给欣赏者留下了丰富的想象空间。画面中空无一人，但可以联想到学子的寒窗苦读、挚友间对茗清谈以及文人的清逸雅趣等许多生活画面。

黄宾虹也画过《煮茗图》。画面有山林涧溪，茅屋数间。主人凭栏静思，童子忙于煮茶。桌上茶已备妥，正待沏茶品味。画上有题语云："前得佳纸作为拙画，置箧衍中忽忽数年"，反映的是作者向往自然，流连品茶自得的心境。

丰子恺的漫画脍炙人口，也多有描绘茶的。《茶舍》画面为晴空夜色，一钩

⊙ 现代　齐白石
《寒夜客来茶当酒》

⊙ 现代　丰子恺　《茶舍》　　　　⊙ 现代　傅抱石　《蕉荫煮茶图》

新月。舍内凉台边一张小桌，一壶三杯。题语："人散后，一钩新月天如水。"作者反映的是人生情味。

　　傅抱石《蕉荫煮茶图》。图中营造的是清雅脱俗的品茗意境，画家借一壶清茗，刻画着清雅宁静的天地。

　　至于当代以事茶为内容的绘画，有刘旦宅、萧劳、丁聪、方成、王伯敏、潘公凯、吴山明等，真是不胜枚举。而能接续古典笔墨之幽者，在此可以再谈一人，那就是吴藕汀。

　　吴藕汀（1913—2005），画家、词人，浙江嘉兴人。幼年便受金蓉镜等影响，嗜昆曲及书画。1949年后以版本学家身份，赴南浔著名藏书楼刘氏嘉业堂整理古籍。著有《烟雨楼史话》《药窗词》《画牛阁词》等书多种。

　　二十世纪五十年代，吴藕汀在杭州结识了画界泰斗黄宾虹。当时宾老有感于传统画坛上陋陈相袭，以耳代目，致使中国画濒临绝境的痛切，有"画史必须重评"之愿。此时的吴藕汀撰成《嘉兴艺林三百年》一书，将名不见经传的民间画师一一簿录，为研究画史提供了方便。宾老闻之大喜，邀他雅会，以"人弃吾求"一语许重之。由此一端，可以看出吴藕汀的艺术立场，他既是继

⊙ 当代　吴藕汀　《廿四节候图》之清明

承中国古典艺术精神的"遗老"，又是一生甘于清贫寂寞要为艺术鼎革的"新锐"。他的艺术创作与学养见解直至垂暮之年才为世人所重视。

吴藕汀以茶入画的作品不少，他的《廿四节候图》中的"清明"即为画新茶。画中清供，有桃花、茶壶、茶杯、螺蛳。题画诗曰："晚食螺蛳青可挑。无瓶红萼小桃妖。清明怅望双双燕，社近新茶云水遥。"

吴藕汀在人生最后时光所作的《幽谷茶话图》更是一张代表其晚年风格的艺术佳作。画上的题字为："甲申冬　吴藕汀　时年九十又二写于竹桥"。

此画接续了元明以来山水茶画的意境。可见作者虽临摹众家，但能取其精华，不以学像古人为满足，力参己意，以"拙"为归。他又是黄宾虹绘画笔墨与意境的传承。因中

⊙ 当代　吴藕汀　《幽谷茶话图》

年辍笔，近四十年的荒寂，反而为后来摆脱束缚，打破窠臼，迈进艺术的自由
王国带来了契机。无论是山水花卉，一气直写，笔运中锋，力避做作，用民间
绘画与文人作家的精炼笔墨相结合，维系了传统中国画的嫡传，又创造了现代
人类对山川事物的新认识、新感受。其间，茶的题材与精神又与此最为契合。

第四节 西方茶画

自茶叶在西方亮相，就成了宠儿。十八世纪，随饮茶在欧美的盛起，以茶为题材的画作，也陆续见于西方各国。据美国威廉·乌克斯《茶叶全书》介绍，1771 年，爱尔兰画家 N·霍恩就曾创作过一幅《饮茶图》，以其女儿的形象，画一身着艳服的少女，右手持一盛有茶杯的碟子，左手用银勺在调和杯中的茶汤。另如 1792 年，英格兰画家 E·爱德华兹曾画过一幅牛津街潘芙安茶馆包厢中饮茶的场面。绘一贵夫人正从一男子手中接取一杯茶，前方桌上放有几件茶具，旁边绘一女子正同贵夫人耳谏。

一、英国下午茶题材作品

随着下午茶的流行，许多油画作品中开始表现这类题材。如苏格兰画家 K·威尔基创作了一幅名为《茶桌的愉快》的茶事画，画面绘二男二女围坐在一张摊有白布的圆桌上饮茶，壁中火通红，一只猫一动不动地蜷伏在炉前，绘出了十九世纪初英国家庭饮茶时那种特有的安逸舒适的气氛。此外，如现在收藏在美国纽约大都会艺术博物馆中恺撒的《一杯茶》、派登的《茶叶》，收藏在比利时皇家美术博物馆的《春日》《俄斯坦德之午后茶》《人物与茶事》，以及在俄罗斯圣彼得堡列宾美术学院的《茶室》等，也都是近两个世纪来深受人们喜爱的茶事名画。

理查德·E·米勒是二十世纪初美国印象派画家，他画了不少美丽女人饮茶的油画，迷人极了。

而下午茶题材油画的重要人物之一是詹姆斯·蒂索，一位痴情的画家。他是法国人，曾在安格尔的学生拉莫特和法兰德林的画室学习绘画，所以承袭了新古典主义绘画的风格，又与德加等现代派画家共同探索现代艺术，追随艺术革命风潮。于是他的画风介于新古典主义的精致与印象派的朦胧之间，在古典的气息中透着印象派的优美、明媚与阳光。

蒂索不喜欢巴黎的艳俗，他追求英国的绅士风度，在巴黎公社运动失败后逃到伦敦，于是他此时的作品风格非常的维多利亚——茶和爱情来了。

在伦敦，他遇到了一生为之迷恋的女子凯瑟琳·纽顿。凯瑟琳年轻而迷人，曾经的丈

⊙ 理查德·E·米勒作品

⊙ 詹姆斯·蒂索作品

夫是位军官，长期在外服役，在此期间她与别人有了私情并生下孩子，这在维多利亚时期的英国是很大的耻辱。然而蒂索毫不介意，凯瑟琳就成为了他的情人，为避流言蜚语，二人搬到郊外的房子里生活。之后，他们几乎与社会隔绝，沉浸于二人世界中，这是蒂索一生中最为快乐的时光。就是这个时期他把他的幸福和热烈表现在艺术上，画了大量的下午茶的油画，画面上是那些美丽、优雅的"凯瑟琳"。

如此六年，才28岁的凯瑟琳因肺炎突然死去。从此蒂索离开这个国家，重回巴黎，也没有再让任何女人走进他的生活。他的创作再也没有鲜艽的色彩和美丽的女人，只画那些禁欲的宗教主题。

他的茶画中有一幅在庭院中饮茶的作品，光影迷离，池塘里泛着涟漪，一树将落未落的黄色树叶，阳光斜斜射来，是将近傍晚了。一位美丽的少女穿着一身纯洁的白衣裙躺在藤椅上甜美地睡着了，边上的圆形茶几上满是银质的茶具，切剩一半的面包，还有从中国进口的青花瓷茶壶。一位老夫人坐在藤椅上，正出神地望着那梦中的少女。也许她在怀想吧，那少女曾就是她自己，在下午茶的片刻宁谧之中，无论是画家还是画中的女人都不知今夕何夕了。

二、俄罗斯茶画作品

俄罗斯人饮茶的历史与他们的文学、艺术一样，虽不算太长，但一出现就异常精彩。俄罗斯人不但喜欢饮茶，而且逐步创造并拥有了自己独特的茶文化。历史上，茶从中国南方以及湖北羊楼洞，经汉口中转，穿越蒙古、西伯利亚，经过库伦、恰克图、伊尔库兹克，传入俄罗斯的中心圣彼得堡与莫斯科，这一过程没有西欧国家的介入，这条伟大的茶叶商路被称为"万里茶道"。

笔者参观考察了俄罗斯圣彼得堡的国立埃尔米塔日（冬宫）博物馆、俄罗斯博物馆、莫斯科特列季亚科夫画廊，从数以千万计的俄罗斯绘画作品中找出了几十幅茶画作品。在此解读从十九世纪中叶到二十世纪初的五位画家的六幅茶画：彼得罗夫的《在梅季希饮茶》，列宾的《黑人少女》，马克西莫夫的《没落》，阿尔希勃夫的《客人们》《手持茶罐的村姑》，库斯托其耶夫的《喝下午茶的商人之妻》。

1. 波得罗夫《在梅季希饮茶》

1840—1850 年，俄罗斯的绘画艺术界就如同文学界一样，开始有所改变。安详、抒情的风俗画渐渐掺入了戏剧性，甚至是悲剧式的色彩。美术学院的学生对学院派的固封自守的作风深感不满，在十几年的酝酿之下，终于在 1861 年发起了一场对传统艺术界的公开挑战。他们把绘画关注的主题回归

⊙ 彼得罗夫 《在梅季希饮茶》

到现实生活，反映现实生活中的矛盾与冲突为主要的绘画题材很快地在社会上赢得回响。

　　他们在俄国境内的大城市以巡回展览的方式与社会大众接触，并扩大自己的艺术理念与声望。1870年成立了"巡回艺术展览协会"，参加此协会的一群现实主义画家就是俄罗斯艺术史上赫赫有名的"巡回画派"。

　　巡回画派对中国艺术的影响力是巨大的，其中最为人称道的就是列宾。但比列宾更早的，深据批判现实主义功力的还有几位巨匠，其中之一就是彼得罗夫。

　　瓦西里·格里戈里耶维奇·彼得罗夫（1833—1882）是十九世纪六十年代俄罗斯绘画界的核心人物，也是巡回画派的创始人之一，并且还是教育家和作家。他非常熟知人的精神世界，批评现代社会，是一位无私地维护真理、善良与正义的典型。他的作品《斋堂》《孤苦伶仃的吉他手》都表现了这样的人文关怀与社会批评，代表作《三套车》更是有悲天悯人之感，他还为陀思妥耶夫斯基创作了肖像。

彼得罗夫出生于西伯利亚的托博尔斯克市的一个州检察长的家庭。学生时代一直在美术学院学习。1861 年农奴制废除之后，他创作了一批揭露农奴制的作品。1862 年他创作了一幅茶画《在梅季希饮茶》，也翻译成《在莫斯科附近的梅季希喝茶》，帆布油画 43.5 厘米 ×47.3 厘米，收藏于莫斯科特列季亚科夫画廊。

梅季希在莫斯科东南的亚乌扎河畔，是莫斯科的一座卫星城。在普普通通的树荫下乘凉喝茶的场景，在彼得罗夫的笔下变成了反映尖锐社会问题的揭露性画作。

转向观看者的桌角上出现了全画的"主角"，一只黄铜茶炊。茶炊是俄罗斯茶文化的代表茶器，是俄罗斯民族结合自身的饮茶习俗与气候条件创造的经典茶器，可以说是俄罗斯茶文化的象征物。在古代俄罗斯，从皇室贵族到平民，茶炊是每个家庭必不可少的器皿，同时常常也是人们外出旅行郊游携带之物。

茶炊将画幅平分成两个不大的正方形。同样，在两个部分中陈列着画中主人公们各自所处的世界。一面是脑满肠肥的神甫，他得意洋洋地品尝着滚烫香浓的茶汤。桌上还放着一把精致的白色小瓷壶，看器形并非日常的俄罗斯茶壶，更像是来自中国的作品。他与他身后的另一位神甫一样，把滚烫的茶汤倒在盘子里喝，这也是俄国人饮茶的一种习惯。女仆左手正在为茶炊加水，右手推开乞讨者。茶炊的右边是行乞的老人和小孩，他们衣衫褴褛，老人只剩下一条腿，孩子光着脚。老人胸口的克里米亚战争英雄勋章加重了社会悲剧的感觉。而这一切，神甫们置若罔闻。同时田园牧歌式的背景和画的圆形构图都体现了必须恢复公平、还世界以失去的和谐的思想。

这幅茶画不但展现了俄罗斯饮茶的茶器、方式与风貌，也让我们了解到东正教与茶的关系。更重要的是茶成为画家批判现实，表达关怀与悲悯的重要题材。

⊙ 列宾 《黑人少女》

2. 列宾《黑人少女》

俄罗斯绘画史上最为享誉世界的大师列宾描绘茶事本身，就足以成为一个研究的角度。

伊里亚·叶菲莫维奇·列宾（1844—1930），是俄罗斯巡回画派最重要的代表人物。如果中国人只认识一位俄罗斯画家的话，那么一定就是列宾。他出生于丘古耶夫，在彼得堡美术学院学习。1873—1876年先后旅行意大利及法国，研究欧洲古典及近代美术。代表作品有《伏尔加河上的纤夫》《宣传者被捕》《意外归来》《查波罗什人复信土耳其苏丹》及《托尔斯泰》等。

列宾的肖像画作品是他艺术宝藏中的重要组成部分。

《黑人少女》是列宾肖像画中难得表现异域人物的作品。他细致入微地描绘了一位不知名的带有神秘气质的黑人女子。在圣彼得堡的俄罗斯博物馆，这幅作品就悬挂在他的代表作《伏尔加河上的纤夫》对面。

画面构图以基本对称而又有变化的形式出现，整个画面的大色调非常和谐，给人以富丽堂皇的美感。头部画得极其精彩，把黑女人皮肤的质感表现得极为真实。安详的坐姿，华丽的服饰，身体和衣服的结构关系交代得非常清楚，衣服丝绸的质感也用十分生动流畅的笔触与色彩，画得疏密有致，光滑轻盈，与金首饰的精细形成了鲜明的对比。特别使人好奇的是，那个金项链，没有用一笔金色，居然闪闪发光，仿佛叮当作响，极其逼真。精致的土耳其茶具、烟具以及壁毯与奢华的首饰都显示出这个女贵族的身份。

全画除了人物之外，被刻画的最细致的静物就是一组土耳其茶具：一个錾刻着精美图案的圆形黄铜茶盘，上面放着一壶一杯。土耳其与俄罗斯一样是这个世界上最爱饮茶的国家。子母壶与小玻璃杯是土耳其茶具的经典器形，画面为我们展现的是 1876 年土耳其贵族所使用的茶具。

对于十九世纪的艺术来说，"美"首先是一个道德范畴，属于精神生活的领域。这位对于东方审美来说并不算美的黑人女子，却在列宾的笔下产生了强烈的美感。而这种美感，是与茶这个文化符号紧密联系的。

更使人感到意味深长的是，俄罗斯与土耳其自古至今长期处于敌对甚至战争的状态。这幅作品恰恰是表现了对立者的美，更值得观者深思的是，两个民族之间的共通性，也许正是同样来自于中国的茶以及热衷于饮茶的民族习惯。

3. 马克西莫夫《没落》

瓦西里·马克西莫维奇·马克西莫夫（1844—1911），是俄罗斯巡回画派中的活跃画家，也是十九世纪七八十年代风俗画家中杰出的代表。他出生在贫穷的农民家庭，熟悉农民生活环境和他们的心理，深刻洞察农村生活的世界，也了解社会发生的新变化。他的全部作品都以俄罗斯农村为题材，表现了对广大农民的热爱，并具有深刻的时代感。他的成名作《病孩》曾获金质奖章，代表作有《没落》《分家》《贫穷的农夫》《借粮》《拍卖》等。

《没落》一画又名《过去的一切》或《一切都已过去》，是马克西莫夫最享有盛名的作品，收藏于莫斯科特列季亚科夫画廊。马克西莫夫在 45 岁时创作了这幅作品。这幅风俗画是运用细小笔触塑造而成，在笔法色彩运用上带有印象主义的风格。画中刻画了没落贵族女地主的自尊和高傲的神态，从对她的形象和环境用品的描绘，可以想象到她们昔日的富贵与荣华。但她已经和背景上那座摇摇欲坠的破庄园一样衰老，再不能有所作为。老妇人躺在安乐椅上，陷入沉思与遐想，往昔的辉煌已成过眼烟云，留下的只有无限的回忆，一切都过去了，在这一生活现象中透露出一个时代的结束。

画面的最右边，在女仆身后的台阶上，是一个正在使用的黄铜茶炊，上面坐着一把高高的茶壶，龙头下端放着茶杯与托盘。中间的茶几上，摆放着茶壶、糖缸。这一切都说明这是一个非常典型的俄罗斯饮茶的场景，画中的茶具象征着没落贵族昔日的辉煌。

俄罗斯茶炊出现于十八世纪，是随着茶落户俄罗斯并逐渐盛行而出现的。茶炊的制作与金属的打造工艺不断完善密切相关。何时打造出的第一把茶炊已无从查考，但据记载，早在1730年，在乌拉尔地区出产的铜制器皿中就有外

⊙ 马克西莫夫 《没落》

形类似于茶炊的葡萄酒煮壶。到十九世纪中期，茶炊基本定型为三种：茶壶型茶炊、炉灶型茶炊、烧水型茶炊。

《没落》中的茶炊，成为了俄国贵族生活的一种象征。十九世纪末，正是俄罗斯进行一系列改革的特殊时期，一个新的时代即将取代旧时代。马克西莫夫以坚定的态度表达出了消灭贵族这一迫切的主题。而"茶"再次成为处于两个时代之间的象征物和观察者。

4. 阿尔希勃夫《客人们》《手持茶罐的村姑》

阿尔希勃夫（1862—1930），1886 年毕业于圣彼得堡皇家美术学院，是巡回派后期的画家。1904 年他与一些进步美术家成立了俄罗斯艺术家协会。进入二十世纪他的创作开始转向风景画，并对印象主义绘画技法深感兴趣。1924年加入前苏联"革命俄罗斯美术家协会"，自 1926 年起创作了一批色彩强烈、笔触粗放的杰作。作品多描绘农民和城市普通劳动者，如《洗衣妇》《客人们》《手持茶罐的村姑》等，以朴素的手法，别具匠心的构图，受到人们的欢迎。"十月革命"后长期担任教学工作，为前苏联培养了许多优秀画家。曾获俄罗斯联邦共和国人民艺术家称号。由于他对鲜艳色彩的追求，被人们称为俄罗斯的印象派。

阿尔希勃夫的两幅茶画作品《客人们》与《手持茶罐的村姑》均被收藏于莫斯科特列季亚科夫画廊，其中《客人们》的另一幅小稿被收藏于圣彼得堡的俄罗斯博物馆中。四位俄罗斯农村的妇女围坐在一起，一边饮茶一边正欢快地交谈。左侧桌子上的黄铜茶炊提醒观赏者这是一幅农村茶会的场景。

在不少俄国人家中有两个茶炊，一个在平常日子里用，另一个只在逢年过节的时候才启用。后者一般放在客厅一角专门用来搁置茶炊的小桌上，还有些人家专门辟出一间茶室，茶室中的主角非茶炊莫属。为了保持铜制茶炊的光泽，在用完后主人会给茶炊罩上专门用丝绒布缝制的套或蒙上罩布。

俄罗斯人每天都喝茶，特别是在星期天、节日或洗过热水澡后。他们把喝茶作为饮食的补充，喝茶时一定要品尝糖果、糕点、面包圈、蜂蜜和各种果酱。各地还有不同风俗的茶会，受到人们的普遍欢迎。乌德赫人也请客人及所

⊙ 阿尔希勃夫 《客人们》

⊙ 阿尔希勃夫 《手持茶罐的村姑》

有过路人喝茶。倘若去俄罗斯人家做客，正赶上主人用茶，他们会热情地向客人让茶。此时，客人也应向主人打招呼："茶加糖，祝喝茶愉快！"

《客人们》这幅气氛热烈的作品所描绘的似乎正是这样的场面，充满了画家对农村生活真挚的感情和爱。

《手持茶罐的村姑》是阿尔希勃夫的一幅代表作，画中的村姑身着红色民族长裙，鲜明的色彩和泼辣的笔触传递出俄罗斯妇女热情奔放的性格。姑娘的右手提着装茶的大陶罐子，左手端着蓝色的大茶杯。这件作品通过描绘农村生活中女性形象光辉的一面，增强人们对未来的信心。

通过阿尔希勃夫的茶画，我们也了解到，茶饮在俄罗斯并非仅仅是贵族生活的专利，它同样也是最广大人民，特别是农民快乐的源泉。

5. 库斯托季耶夫《喝下午茶的商人之妻》

鲍里斯·米哈洛维奇·库斯托季耶夫（1878—1927）是俄罗斯著名画家，艺术团体《艺术世界》的成员之一。

他幼年丧父，家庭生活并不富足。考入彼得堡美术学院，后师从画家列宾。年轻的库斯托季耶夫擅长画肖像画，在这一领域他颇负盛名。1903年秋画家偕同家人前往巴黎进修学习，在此期间他游历了德国、意大利、西班牙等古老的艺术国度，学习临摹了许多著名大师的画作，并加入莫奈的工作室工作过一段时间。回到俄罗斯后他对俄罗斯外省小城的生活风尚感兴趣，并以幽默和轻微的讽刺表现商人和小市民的习俗。在此地创作了一系列画作，《市集》《茶会》《美女》《莫斯科商人的聚餐》等，都是他别出心裁的作品，他的绚丽而富有装饰趣味的色彩，使描绘的形象生动有趣，其中有一批作品都是茶画。

《喝下午茶的商人之妻》又名《商妇品茗》。他的油画具有俄罗斯民间年画的特点，充分显示了他对俄罗斯小城和农村生活的熟悉和了解。他笔下的商人很像奥斯特洛夫斯基戏剧中的形象，在讽刺挖苦中带有几分爱恋。

据记载，俄罗斯人第一次接触茶是在1638年。当时，作为友好使者的俄罗斯贵族瓦西里·斯塔尔可夫遵沙皇之命赠送给蒙古可汗一些紫貂皮，蒙古可汗回赠的礼品便是4普特（约64千克）茶叶。品尝之后，沙皇立即喜欢上了这种饮品，从此茶便堂而皇之地登上皇宫宝殿，随后进入贵族家庭。从十七世纪七十年代开始，莫斯科的商人们就做起了从中国进口茶叶的生意。

从这幅画上可以看出茶商们富裕的生活。画面左侧是一把高高立在餐桌上的铜制茶炊。茶炊的外形多样化，有球形、桶形、花瓶形、小酒杯形、罐形等。画面上的这把茶炊是一把非常经典的花瓶形茶炊。

十九世纪初，莫斯科州的彼得·西林先生的工厂主要生产茶炊，年产量约3000个。到十九世纪二十年代，离莫斯科不远的图拉市则一跃成为生产茶炊的基地，仅在图拉及图拉州就有几百家加工铜制品的工厂，主要生产茶炊和茶壶。到1912和1913年，俄罗斯的茶炊生产达到了顶峰阶段，当时图拉的茶炊年产量已达66万个，可见茶炊市场的需求量之大。

⊙ 库斯托季耶夫 《喝下午茶的商人之妻》

　　贵妇的形象雍容华贵又偏于丰满，右手托着茶碟子，正在逗弄一只猫。她身前的茶桌上除茶杯与糖缸以外，摆满了茶果、茶点。她的身后是整座城市秀丽的风景，不远处的阳台上，同样有人正在享受下午茶，正是一个全民饮茶的时刻。

　　俄罗斯茶画作品包含了丰富的人文信息、历史信息、技术信息和艺术信息。这些作品不仅贯穿于俄罗斯茶文化发展的各个历史阶段，见证着俄罗斯茶的历史、风俗与文化，并且对俄罗斯艺术史本身的灼见也给予我们巨大的裨益。

第二章 茶与音乐

音乐是凭借声波振动而存在，在时间中展现，通过人类的听觉器官而引起各种情绪反应和情感体验的艺术。

茶与音乐大致可分为两个方面，一是以茶作为题材的音乐艺术作品，二是适合于品饮茶的音乐。

茶歌谣

一、古代文人创作的茶歌

茶歌最早见于唐代著名诗人刘禹锡的《西山兰若试茶歌》。他在歌中写道：

> 山僧后檐茶数丛，春来映竹抽新茸。
>
> 宛然为客振衣起，自傍芳丛摘鹰觜。
>
> 斯须炒成满室香，便酌砌下金沙水。
>
> 骤雨松声入鼎来，白云满碗花徘徊。
>
> 悠扬喷鼻宿酲散，清峭彻骨烦襟开。
>
> 阳崖阴岭各殊气，未若竹下莓苔地。
>
> 炎帝虽尝未解煎，桐君有箓那知味。
>
> 新芽连拳半未舒，自摘至煎俄顷馀。
>
> 木兰沾露香微似，瑶草临波色不如。
>
> 僧言灵味宜幽寂，采采翘英为嘉客。
>
> 不辞缄封寄郡斋，砖井铜炉损标格。
>
> 何况蒙山顾渚春，白泥赤印走风尘。
>
> 欲知花乳清泠味，须是眠云跂石人。

这首茶歌描述了西山寺的饮茶情景。僧侣看到有贵客进寺，便去采茶、制茶、煎茶。由于现采、现制、现喝，使茶格外好喝。"木兰沾露花微似，瑶草临波色不如。"说它比唐代贡茶蒙顶茶、顾渚紫笋茶还好。由此作者感叹，要尝到好茶，就要生活在茶区，做一个"眠云跂石人"。这虽然是诗的形式，在当时是可以吟唱的。

与刘禹锡差不多同时代的杜牧写了一首《题茶山》。诗中谈到"舞袖岚侵涧，歌声谷答回。磬音藏叶鸟，雪艳照潭梅"，描绘了当年在茶山采茶载歌载舞的热闹场面。其实，中国各民族的采茶姑娘，历来都能歌善舞，特别是在采茶季节，茶区几乎随处可见到尽情歌唱，翩翩起舞的情景。

清代钱塘（今杭州）诗人陈章的《采茶歌》，写的是"青裙女儿"在"山寒芽未吐"之际，被迫细摘贡茶的辛酸生活：

> 凤凰岭头春露香，
> 青裙女儿指爪长。
> 渡涧穿云采茶去，
> 日午归来不满筐。
> 催贡文移下官府，
> 那管山寒芽未吐。
> 焙成粒粒比莲心，
> 谁知侬比莲心苦。

此外，还有唐代文学家李郢表达对采制贡茶人民深切同情的《茶山贡焙歌》；晚唐诗人温庭筠描述西陵道士煎茶、饮茶的《西陵道士茶歌》；北宋文学家范仲淹以夸张手法描述当时斗茶盛况的《和章岷从事斗茶歌》；元代诗人洪希文的《煮土茶歌》；清代文学家曹廷栋的《种茶子歌》等。总之，在中国茶文化中有关记载茶歌谣的史料很多。时至今日，我们依然可以在茶山随处见到采茶时载歌载舞的热闹情景。所以，在茶乡有"手采茶叶口唱歌，一筐茶叶一筐歌"之说。

二、丰富的民间茶谣

茶谣属于民谣、民歌，为中华民族在茶事活动中对生产生活的直接感受，不但记录了茶事活动的各个方面，而且自身也构成了茶文化的重要内容。其形式简短，通俗易唱，喻意颇为深刻。

茶谣类型分山歌、情歌、采茶调、采茶戏、劳动号子、小调等，表达的形式多种多样，内容有农作歌、佛句歌、仪式丧礼歌、生活歌、情歌等。

茶谣是民间的文化形式，在情感表达和内容陈述上，带有明显的民间"以物作比"的思维方式。它们是茶区劳动者生活情感自然流露的产物，没有经过文人的采用和润色，故而较多保留着原有的真美以及茶乡的民风民俗，如：

太阳落土万里黄，画眉观山姐观郎。画眉观山天要晚，姐观郎来进绣房，红罗帐子照鸳鸯。

此谣以画眉鸟黄昏时对山鸣唱来比兴茶乡女张望意中人，画眉鸟的啾啾之音在呼唤林中之偶，茶乡女的"观郎"则在期待情郎来像鸳鸯一般共度春宵。

在明代正德年间，浙江还曾因为民间的茶谣而发生过一起有名的"谣狱案"。此案起因于浙江杭州富阳一带流行的《富阳江谣》。这首民谣，以通俗朴素的语言，反映了茶农的疾苦，控诉了贡茶的罪恶。此事被当时的浙江按察金事韩邦奇得知，便呈报皇上，并在奏折中附上了这首歌谣，以示忠心，不料皇上大怒，以"引用贼谣，图谋不轨"之罪，将韩邦奇革职为民，险些送了性命。这首歌谣是这样写的：

富春江之鱼，富阳山之茶。

鱼肥卖我子，茶香破我家。

采茶妇，捕鱼夫，

官府拷掠无完肤。

昊天何不仁？此地一何辜？

　　鱼何不生别县，茶何不生别都？

　　富阳山，何日摧？

　　富春水，何日枯？

　　山摧茶亦死，江枯鱼始无！

　　呜呼！山难摧，江难枯，

　　我民不可苏！

大名鼎鼎的龙井茶也曾在二十世纪三四十年代被传唱过，不少是反映茶农辛苦生活的歌谣。一首叫《龙井谣》：

　　龙井龙井，

　　多少有名。

　　问问种茶人，

　　多数是客民。

　　儿子在嘉兴，

　　祖宗在绍兴。

　　茅屋蹲蹲，

　　番薯啃啃。

　　你看有名勿有名？

另一首叫《伤心歌》：

　　鸟叫出门，

　　鬼叫进门。

　　日里摘青，

　　夜里炒青。

　　手指起泡，

　　眼睛发红。

种茶人家，

多少伤心。

　　当然，茶农的生活是多层面的，民歌《采茶女》，读来亲切生动，感人肺腑，并具有浓郁的乡土气息：

正月里来是新年，姐妹上山种茶园，点种茶籽抓时机，耽误季节要赔钱。
二月里来茶发芽，边施肥料边采茶，采得满篓白毛尖，做好先敬老东家。
三月里来茶碧青，谷雨之前更抓紧，双手采茶快如飞，勤劳换来好收成。
四月里来茶正旺，采茶莳田两头忙，忙着莳田茶要老，顾得采茶秧又长。
五月里来茶树浓，茶树丛中生小虫，爷爷烧香求菩萨，爹煎土芭喷茶丛。
六月里来事蚕桑，采桑养蚕日夜忙，忙里抽闲上茶山，茶园垄里把草铲。
七月里来秋风起，织布机上显手艺，绣花茶裙亲手做，围在身上笑眯眯。
八月里来桂花香，姐妹双双摘桂忙，巧手做出桂花茶，茶香味好人人赞。
九月里来是重阳，农忙过后人松爽，农家无钱买美酒，自做料酒自家尝。
十月茶篓上阁楼，媒婆串门不停留，鸳鸯八字被拿走，羞在脸上喜心头。
十一月里花轿来，吹吹打打新娘抬，姐姐出嫁离妹去，茶园从此笑声衰。
十二月里临过年，东家又来收租钿，算盘一拨半年空，采茶姑娘泪涟涟。

　　在中国台湾，民间还经常出现用来表达心声和传递爱情的茶歌谣：

（一）

好酒爱饮竹叶青，采茶家采嫩茶心；

好酒一杯饮醉人，好茶一杯更多情。

（二）

得蒙大姐按有情，茶杯照影影照人；

连茶并杯吞落肚，十分难舍一条情。

（三）

采茶山歌本正经，皆因山歌唱开心。

山歌不是哥自唱，盘古开天唱到今。

（四）

茶花白白茶叶青，双手攀枝弄歌声；

忘了日日采茶苦，眼上情景一样好。

三、茶谣的艺术特点

一是从茶事活动中掇取生动无比的鲜活素材。比如采茶，姑娘们上山采茶，喜悦与辛苦都可以产生茶谣。广西的《采茶调》改编后选入《刘三姐》的文艺作品，至今传唱，成为经典：

三月鹧鸪满山游，四月江水到处流，采茶姑娘茶山走，茶歌飞上白云头。草中野兔蹿过坡，树头画眉离了窝，江心鲤鱼跳出水，要听姐妹采茶歌……

比如炒茶，一夜到天亮，信阳茶区的炒茶工，在辛苦工作中产生了炒茶歌：

炒茶之人好寒心，炭火烤来烟火醺，熬到五更鸡子叫，头难抬来眼难睁，双脚灌铅重千斤。

比如卖茶也有茶谣，益阳茶歌《跑江湖》这样唱道：

情哥撑篙把排开，情妹站在河边哭哀哀。

哥哎！你河里驾排要站稳，过滩卖茶要小心。

妹哎！哥是十五十六下汉口，十七十八下南京，我老跑江湖不要妹操心。

二是有强烈的叙事传统。《采茶调》是民间歌谣中一种特殊的民谣体例，尤其是十二月采茶调，分顺采茶和倒采茶，分别从一月到十二月，或者从十二月到一月，其叙事性极强。"近代"歌谣发展到一定时机，人们的叙事要求增强，所以借重"十二月"，也是一种结构意识的觉醒与成熟。通常一月一事，一节一例，如：

三月采茶茶叶青，红娘捧茶奉张生。张生拉住莺莺手，莺莺抿嘴笑盈盈。

寥寥二十八字将一部《西厢记》故事全部写尽。

四月采茶茶叶长，韩信追赶楚霸王。霸王逼死乌江上，韩信功劳不久长。

楚汉纷争在这节采茶调中显得十分悲怆，给为大汉江山立下汗马功劳的韩信进行了概括，让人读后不禁为英雄的生死长叹一声。

五月采茶五月团，曹操人马下江南。孔明曾把东风借，庞统先生献连环。

这节讲的三国赤壁之战，采茶调中没去刻画宏大激烈的战场，而是对在此役中两个谋士"借东风""连环船"的破曹良策进行"点击"，不得不感叹此调创作者对历史人物和历史事件的娴熟掌握。

三是茶农们的强烈情感。在茶谣中，人们对生活有着极为强烈的表达方式，首先就表现在爱情上，出现了大量茶谣中的情歌。青年男女茶农在劳动时产生了爱情，往往用茶谣表示，茶谣成了他们倾诉衷肠的文化形式与文明途径。比如《安徽茶谣》中的情歌唱道：

四月里来开茶芽，年轻姐姐满山爬，那里来个小伙子，脸而俏，嗓音好，唱出歌儿顺风飘，唱得姐姐心扑扑跳。

湖南的《古丈茶歌》生动地描述了约会的心情：

阿妹采茶上山坡，思念情郎妹的哥；昨夜约好茶园会，等得阿妹心冒火。昨夜炒茶摸黑路，迟来一步莫骂奴；阿妹若肯嫁与哥，哪有这般相思苦。

河南的茶谣火辣辣：

想郎浑身散了架，咬着茶叶咬牙骂，人要死了有魂在，真魂来我床底下，想急了我跟魂说话。

四川的《太阳出来照红岩》也唱出了"人鬼情未了"的意思：

太阳出来照红岩，情妹给我送茶来。红茶绿茶都不爱，只爱情妹好人才。喝口香茶拉妹手！巴心巴肝难分开。在生之时同路耍，死了也要同棺材。

对生活的艰辛也在茶谣中体现。皖南茶谣透露着种茶人经济窘困、生活贫困的沉重哀叹：

小小茶棵矮墩墩，手扶茶棵叹一声。白天摘茶摘到晚，晚上炒茶到五更，哪有盘缠转回城？

四是鲜明的艺术形象。比如四川茶谣《茶堂馆》里的店小二：

日行千里未出门，虽然为官未管民。白天银钱包包满，晚来腰间无半文。

比如《掺茶师》：

从早忙到晚，两腿多跑酸。这边应声喊，那边把茶掺。忙得团团转，挣不到升米钱。

《丑女》中的茶女十分胆大：

打个呵欠哥皱眉，姐问亲哥想着谁。想着张家我去讲，想着李家我做媒，不嫌奴丑在眼前。

这位自觉容貌不美的女子，对待她所默默爱着的阿哥，意欲为之分忧，哪怕牺牲自己的爱情为他去撮合说媒。而最后表露了"不嫌奴丑在眼前"的毛遂自荐态度，大胆与直白，足使缙绅雅士瞠目结舌。

而聪明姑娘的心机也在茶谣中一目了然：

早打扮，进拣场，拿手巾，包点心，走茶号，喜盈盈，拣四两，算半斤，这种人情记在心。

采茶姑娘打扮得漂漂亮亮到茶场卖茶，茶号中的小伙计见姑娘来啦，情有所动，过秤时四两算成了半斤。

有一首茶歌，犹如一个小故事，一幅风情画：

温汤水，润水苗，一桶油，两道桥。桥头有个花娇女，细手细脚又细腰，九江茶客要来谋（娶）。

一个到外地卖茶的年轻商人，看上了站在桥头的苗条少女，决心娶她。不禁使人想起《诗经》里的"关关雎鸠，在河之洲，窈窕淑女，君子好逑。"

五是新颖精巧的艺术构思，独具一格的表现手法和优美生动的民间语言。茶谣在句式、章段、结构、用韵、表现手法方面，和民歌一样，都有自己的特点，比兴、夸张、重叠、谐音等手法，也多有运用。揭露抨击性的时政歌谣，常用谐音、隐语。双关语在情歌中运用较多。拟人化手法，儿歌中较为常见。
比如江西安福表嫂茶歌就很典型：

　　一碗浓茶满冬冬，端给我的好老公，浓茶喝了心里明，不招蝴蝶不忍蜂。

　　其余女子以碗盖伴奏，这是以暗喻的方式告诉丈夫不得变心。

第二节 现代的茶音乐作品

一、《采茶舞曲》

周大风创作的《采茶舞曲》原是越剧现代戏《雨前曲》的主题歌及舞蹈曲，作于 1958 年。五十年代一度极为流行，有较大的社会影响，七十年代经著名歌唱家朱逢博的演唱，更是红极一时。《采茶舞曲》的歌词是：

溪水清清溪水长，

溪水两岸好呀么好风光。

哥哥呀，你上畈下畈勤插秧，

姐妹们，东山西山采茶忙。

插秧插到大天光，

采茶采到月儿上。

插得秧来匀又快，

采得茶来满山香。

你追我赶不怕累，

敢与老天争春光，争呀么争春光。

溪水清清溪水长，

溪水两岸采呀么采茶忙。

姐姐呀，你采茶好比凤点头，

妹妹呀，你摘青好比鱼跃网。

一行一行又一行，

摘下的青叶往篓里装。

千篓百篓堆成山，

篓篓嫩芽发清香。

多快好省来采茶，

好换机器好换钢，好呀么好换钢。

　　关于这首音乐作品还有一个故事。1958 年 9 月 11 日，周恩来总理和夫人邓颖超在北京长安剧场观看《雨前曲》。之后，周总理还亲自改了其中的两句歌词。他对周大风说："插秧不能插到大天亮，这样人家第二天怎么干活啊？采茶也不能采到月儿上，露水茶是不香的。"后来改成了"插秧插得喜洋洋，采茶采得心花放。"表现了采茶的心情而非过程，使作品更加艺术化。

　　1983 年，《采茶舞曲》被联合国教科文组织作为亚太地区优秀民族歌舞保存起来，并被推荐为这一地区的音乐教材。这是中国历代茶歌茶舞至今得到的最高荣誉。

　　自《采茶舞曲》之后，茶都杭州一直有歌颂茶的音乐作品涌现，如统一时代的《总理来到梅家坞》。《浙江省茶叶志》记有多首记载国家领导人赞美梅家坞茶区诗歌，更有多首茶农对国家领导人的吟诵民歌。其中《总理来到梅家坞》创作于二十世纪六十年代中后期至七十年代初，周恩来总理等国家领导人多次到杭州西湖龙井茶乡梅家坞考察访问，与茶农结下深厚友谊：

喜鹊叫，人欢呼，总理来到梅家坞。

茶喷香，竹跳舞，溪水潺潺把掌鼓。

走东家，访西户，关心社员衣食住。

幼儿园，小卖部，墙院门窗都面熟。

话规划，绘蓝图，描出一个新山坞。

梅家坞，真幸福，总理指点光明路。

由周大钧作词，曾星平作曲的《龙井茶，虎跑水》，是一首表现杭州名茶配名泉的赞歌。歌曲是：

龙井茶，虎跑水，绿茶清泉有多美。

山下泉边引春色，湖光山色映满怀。

五洲朋友！请喝茶一杯！

春茶为你洗风尘，胜似酒浆沁心肺。

我愿西湖好春光，长留你心内，凯歌四海飞。

……

这是一首对名茶、名泉、名湖的赞歌，也是一首友谊的颂歌。

二、《采茶灯》

由金帆作词，陈田鹤作曲，流传于福建武夷茶区的民歌《采茶灯》，则以轻松愉快的歌声，表达了采茶姑娘对茶叶丰收的喜悦。歌词是：

百花开放好春光，

采茶姑娘满山岗。

手提着篮儿将茶采，

片片采来片片香。

采到东来采到西，

采茶姑娘笑眯眯。

过去采茶为别人，

如今采茶为自己。

······

三、《挑担茶叶上北京》

由叶蔚林作词，白诚仁作曲的湖南民歌，表达的是故乡人民对毛主席的热爱。这首歌词，文字优美，曲调明快，十分动听：

桑木扁担轻又轻，挑担茶叶上北京。

船家问我是哪来的客，我湘江边上种茶人。

桑木扁担轻又轻，头上喜鹊唱不停。

我问喜鹊唱什么？他说我是幸福人。

桑木扁担轻又轻，一路春风出洞庭。

船家问我哪里去，北京城里探亲人。

桑木扁担轻又轻，千里送茶情谊深。

你要问我哪一个？毛主席的故乡人。

四、《大碗茶》

由阎肃作词，姚明作曲的前门《大碗茶》是京味茶歌中的杰出作品，脍炙人口，勾起了海外游子归来的无限遐想，新旧对比，意味深长。歌词是：

我爷爷小的时候，常在这里玩耍。

高高的前门，仿佛挨着我的家。

一蓬衰草，几声蛐蛐儿叫，伴随他度过了灰色的年华。

吃一串儿冰糖葫芦，就算过节，他一日那三餐，窝头咸菜么就着一口大碗茶。

世上的饮料有千百种，也许它最廉价。

可谁知道它醇厚的香味儿，饱含着泪花。

如今我海外归来，又见红墙碧瓦。

高高的前门，几回梦里想着它。

岁月风雨，无情任吹打，却见它更显得那英姿挺拔。

叫一声杏仁儿豆腐，京味儿真美，我带着那童心，

带着思念么再来一口大碗茶。

世上的饮料有千百种，也许它最廉价。

可为什么它醇厚的香味儿，直传到天涯，它直传到天涯。

五、《茶叶青》

港台流行音乐中也不乏茶歌作品。一代歌后邓丽君的歌声在几代人心中萦绕。其中就有一首著名的作品《茶叶青》。该曲目收录在邓丽君 1967 年 12 月 1 日发行的唱片邓丽君之歌第三集《嘿嘿阿哥哥》中。歌词如下：

戴起那个竹笠穿花裙

采茶的姑娘一群群

去到茶山上呀

采呀采茶青呀

不怕太阳晒头顶

戴起那个套袖裹花巾

采茶的姑娘一群群

大家手不停呀

采呀采茶青呀

不怕刺藤扎手心

采茶那个要采茶叶青

你要看一看清

嫁郎那个要嫁最年轻

也要像茶叶青

采茶那个姑娘一群群

上得那茶山采茶青

唱起采茶歌呀

送呀送个信呀

要得有情郎呀郎来听

六、《爷爷泡的茶》

《爷爷泡的茶》是方文山作词，周杰伦作曲并演唱的歌曲，收录于周杰伦2002年发行的专辑《八度空间》中。这首歌凭借周杰伦在一代年轻人中超强的号召力，也使得中国的茶文化被更多青年所认识和喜爱。

构思该曲时，方文山赋予了它"陆羽"这个时空背景，让它有一个画面感的呈现。周杰伦则把家庭生活带入了创作，完成了歌曲。

爷爷泡的茶，有一种味道叫做家，

陆羽泡的茶，听说名和利都不拿。

......

爷爷抽着烟，说唐朝陆羽写茶经三卷，流传了千年。

那天我翻阅字典，查什么字眼，形容一件事很遥远，

天边，是否在海角对面。

......

爷爷泡的茶，有一种味道叫做家，

他满头白发，喝茶时不准说话。

陆羽泡的茶，像幅泼墨的山水画，

唐朝千年的风沙现在还在刮。

······

《爷爷泡的茶》是首比较轻快的亲情歌曲，借由"茶"这样平常的饮料，来阐述着爷爷生活的禅意，歌曲就仿佛爷爷告诉孙儿，当茶水的颜色蔓延、纯净快乐的旋律响起时，名利自然就会瞬间抛至九霄云外。

七、歌剧《茶》

谭盾是当今世界最优秀的音乐家之一，他为电影《卧虎藏龙》创作的音乐获第73届奥斯卡最佳原创音乐金像奖。谭盾善于从本民族的传统之中找到音乐创作的营养。其中一部重要的作品就是《茶》。

为什么选择茶作为歌剧《茶》的载体？谭盾说，茶是全世界最普及、最生活化也最容易被人遗忘的生活形态，对中国人来说，茶文化又是最大众化的文化。他翻阅中国古代茶圣陆羽的茶文化专著《茶经》，获得灵感，于是将茶写到了这部以茶为名的歌剧中。

他在这部歌剧中讲述了一个中国唐朝公主与日本王子爱恨情仇的故事，以此探究中国古代文化的精髓以及中国文化中的禅性和生活智慧。

为了在探寻和感悟中加深自己对茶和茶文化的理解，谭盾专门去日本体验了茶浴，他想从中了解茶浴后茶香、茶味、茶色沁入人体和灵魂的感觉，期望用茶浸透灵魂。

谭盾在这部歌剧中采用"水乐"的韵味。其中有一种谭盾按照他的构想制造的"水琴"，演奏时在琴中灌入水，用小提琴弓在琴体上摩擦发音，是其"水乐"中的一种音律和音色。

谭盾还将"水琴"中的水换成了茶汤演奏。有人问谭盾，将"水琴"中的水换作茶水后，在听觉上难道真的有什么不同？谭盾说，这两者的区别就像一个人心中感受到的莫扎特与被解读的莫扎特的不同。

八、《六羡歌》

《全唐诗》中收录陆羽完整的诗作只有两首，一首是《会稽东小山》，另一首最初题名为《歌》，题下有注："太和中，复州有一老僧，云是陆弟子，常讽此歌。"后因诗中有六个"羡"字，遂名之以"六羡"，歌云：

> 不羡黄金罍，不羡白玉杯；
>
> 不羡朝入省，不羡暮登台，
>
> 千羡万羡西江水，曾向竟陵城下来。

《六羡歌》风格简单明快，表达了一代茶圣不慕权贵、精行俭德的情怀。

2012 年这首传承千年的茶圣之歌由浙江农林大学茶文化学院的包小慧老师作曲，成为同名话剧《六羡歌》的主题曲。

⊙ 话剧最后一幕演员齐唱《六羡歌》

第三节 佐茶音乐

　　在更多的情况下，茶艺、茶会等茶事活动，以及茶空间都需要音乐。此时所运用的音乐，并不一定是纯粹为茶而创作的，但却是茶艺、茶空间不可分割的重要部分。我们姑且称之为佐茶音乐。

　　茶事佐以音乐是一个传统。从历代的茶画中，可以发现音乐往往与茶相伴。唐代周昉的《调琴啜茗图》开了琴茶相伴的先河。晚唐的《宫乐图》，更是表现了宫中一边饮茶一边奏乐的场景。宋徽宗赵佶的《文会图》中也描绘了古琴。明代唐寅的《事茗图》中童子抱着古琴而来。晚明项圣谟的《琴泉图》、陈洪绶的《停琴啜茗图》、清代钱慧安的《烹茶洗砚图》等杰出的茶画作品都将乐器特别是古琴与茶描绘在一起。

　　尤其是项圣谟《琴泉图》中的题跋，堪称是茶与音乐的最佳注解：

　　　　　　　　我将学伯夷，则无此廉节；

　　　　　　　　将学柳下惠，则无此和平；

　　　　　　　　将学鲁仲连，则无此高蹈；

　　　　　　　　将学东方朔，则无此诙谐；

　　　　　　　　将学陶渊明，则无此旷逸；

　　　　　　　　将学李太白，则无此豪迈；

隽永之美 茶艺术赏析

〇七六

将学杜子美，则无此哀愁；

将学卢鸿乙，则无此际遇；

将学米元章，则无此狂癖；

将学苏子瞻，则无此风流；

思比此十哲，一一无能为。

或者陆鸿渐，与夫钟子期；

自笑琴不弦，未茶先贮泉；

泉或涤我心，琴非所知音。

写此琴泉图，聊存以自娱。

当代，茶艺的表现与茶艺馆的氛围营造是最需要创作、选择合适的音乐。学会欣赏和选择茶艺、茶空间的配乐是成为一个茶人必要的艺术修养。

音乐无论中西，适合就好。例如，浙江农林大学茶文化学院 2008 年创作的《儒家茶礼》选用了古琴曲《思贤操》，表现了孔子思念弟子颜回的感情；《道家茶礼》选用了道士阿炳融汇道教音乐而创作的名曲《二泉映月》，并且是日本国宝级指挥家小泽征尔指挥的交响乐版；《佛家茶礼》选用了佛教音乐《青山无语》。2010 年创作的《茶艺红楼梦》所选择的音乐就是红楼梦电视剧经典的配乐之一，《葬花吟》与《晴雯曲》。2011 年创作的茶艺《竹茶会》中选用了电影《霍元甲》中的原声音乐。在 2016 年创作的茶艺剧《南方有嘉木》

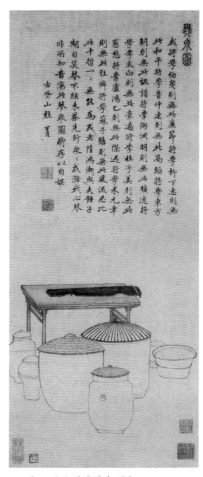

⊙ 明　项圣谟《琴泉图》

⊙《儒家茶礼》

⊙《道家茶礼》

⊙《佛家茶礼》

⊙《茶艺红楼梦》

中选用了柴可夫斯基的《第一钢琴协奏曲》。

现代茶馆里，因为茶馆音乐的特殊性，在坊间的光盘中，出现了一种"茶道音乐"，是专门供茶馆播放。古筝、古琴、箫笛、尺八、钢琴等乐器的演奏曲都有，各种各样的趣味音乐在茶馆里流行。

茶艺馆中对音乐的用心，当属中国台湾的紫藤庐。早期紫藤庐为了展现自然而宁谧的环境气质，选择巴赫、维瓦尔第等巴洛克时期或更早的西方古典音乐，也选择旋律自然优美的莫扎特和牧歌风格的勃拉姆斯作品。2011年4月23日，台湾第一家市定古迹茶馆紫藤庐在成立三十周年之际，精心推出了专属茶乐《紫藤幽境》专辑。

其中的音乐被紫藤庐的创始人周渝称为"茶心与乐魂的交汇",他借此谈到了茶乐感受——是对桃花源的向往,对隐士的崇敬,以及最根本的返璞归真,是汉民族的子子孙孙深层基因中永恒的原乡梦境与灵魂召唤。

作品共 10 曲:

1. 紫藤光影

音乐曲式分别为"散序"转"6/8 复拍"再巧妙地回归到板眼相称的"4/4 正拍"。全曲以"琴箫"与"阮咸"的即兴对话,加上多变交错之乐句与节拍,引导聆赏者不自觉地进入乐曲所铺陈的对应情境,霎时光影掠过,乍见紫藤漫舞。充分表达了作者对"紫藤梦"的丰富想象:文人云集,灵思高妙,悠闲自得,洋溢着高雅盎然的情趣。

⊙《紫藤幽境》专辑

⊙ 紫藤庐一角

2. 云山如梦

"荜篥"扣人心弦的乐句作为"散序",其后直接转入由"箜篌""荜篥""编钟"三重奏所演绎的"4/4正拍"主乐句完成全曲。就音乐言,此曲除了云山杳杳,如梦如幻的回荡意象,于写景之外,更蕴藏着深刻的人文情思,其音律虽多有惆怅之声,却又不失为君子者远忧近虑之大器。

3. 玉楼春晓

此曲最早见于1799年《龙吟馆琴谱》,1931年《梅庵琴谱》再刊时名为"玉楼春晓"。此曲虽为小曲,然旋律轻松委婉,自有一片春意。曲式以"琴箫"为"散序"前引,后接"4/4正拍","古琴""琴箫"二重奏再加入"阮咸"的三重奏,一气呵成。本曲虽为古曲改编,但却是最能与此张专辑契合的一曲,无论在其乐器配置,或是乐句的铺陈,无一不突显出"紫藤幽境"中主建筑"紫藤庐"与"玉楼春晓"早已命定的宿世姻缘。

4. 空谷流泉

此乃一首自由且无调性的单曲式音乐,由"古琴""琵琶""箜篌"层层相叠地弹奏出"散序"后,紧接着乐团各种独奏乐器,相继演出象征"空谷流泉"的空间意象;音乐曲风自成一格,融合东西方各种音乐元素,更大胆加入众多的现代音乐语法;穷岩深谷,叠嶂层峦,幽涧泉水,淙淙铮铮。"古琴""琵琶""打击乐"的绝妙组合,描绘出一幅空旷缥缈的图画,使人犹入世外桃源之境。

5. 晨露

此曲借由"三十六簧笙""打击乐"及"竖琴"充满默契的演绎,以极崭新的作曲法,扩展了中国古典乐更大的可能性。乐曲的曲式由笙与打击乐以交错拍子带出,虽为无调性音乐,但更能切中主题。全曲描写山野的早晨,薄雾凝霜,晨露欲滴的情景。作者在民间与西洋作曲、配器技法的结合和打击器乐的使用上,都饶富新意。

6. 天音

采谱自东晋桓伊所作笛曲"梅花三弄"，今摘选其精华乐句，以三段体曲式演奏，依次为：一弄叫月、声入太霞；二弄穿云、声入云中；三弄长江、隔江长叹。"箜篌"曾出现在敦煌壁画与石窟、石雕之中，造型酷似西方竖琴，但又兼具中国古筝之特色，由箜篌演奏此曲，如有天籁之音声，清雅圣洁，故另名为"天音"。

7. 幽兰

此曲是我国现存古琴曲谱中最早的一曲，有一千四百年历史。从原谱卷小序来看，这是六朝时期的古曲。由文字记成，故称"文字谱"，实为中国音乐史上的稀世珍宝。乐曲表现孔子周游列国，怀才不遇，偶见空谷幽兰，借兰花的清香淡色自比清幽高洁，表现了深沉感慨的情绪。

8. 秋风词

此曲依据山东古琴曲改编而成。乐曲幽默诙谐，并富古诗词之韵味。曲式由"三十六簧笙"与"阮咸"之"散序"为始，后以"4/4 正拍"之"阮咸""簧笙""琴筝"完成全曲。

9. 声动

乐曲取材于清代"栩齐琴谱"之"普庵咒"，全曲依据传统的再创作曲形式重新诠释，依照琴曲特有的弹奏法，演奏出似钟、鼓、铙、钹之声，配上极富旋律线条的乐句，期使聆听者能拥有祥和、宁静、致远的心境。

10. 慢三六

江南丝竹是广泛流行于中国长江以南，特别是上海地区的民间传统乐种及形式。乐队中经常采用的乐器为笛、箫、笙、琵琶、小三弦、扬琴、二胡、鼓板各一，通常称为八大件。作曲者对江南丝竹"八大曲"中的慢三六，进行了整理、编配，使乐曲更加柔美清婉，反映了江南人民温柔优雅的性格，以及对山明水秀的家乡景色的赞美感情。

其中《紫藤光影》《云山如梦》《空谷流泉》就是作曲家周成龙先生以从紫藤庐得到的灵感，专为紫藤庐而作。其中《云山如梦》还是当时茶馆中一泡文山包种茶的茶名。作曲者是在茶香、茶味与茶气中作出了如此优美深邃的作品。《紫藤幽境》的曲风，构建出开阔与悠远的时空意象，显有若无的柔和情境，可说是回归到汉民族乐魂的深处。

琴曲《幽兰》是古琴家龚一先生经历数年依据古文字谱打谱的初次发表。《幽兰》原是描述儒圣孔子感怀之作，但却富有魏晋六朝道派的幽玄气息，可说是兼具儒道二家的哲思与美感。

蔡介诚先生为《紫藤幽境》专辑补入了《声动·普庵咒》的梵音，使此集儒、道、释源流齐全，又加进《天音·梅花三弄》的箜篌之音，让我们仿佛聆听到从魏晋六朝到唐代石雕与壁画中飞天仙女们手执乐器的仙乐。

可说是从一杯茶中品到的自然与无限，对紫藤庐的空间美感与灵性的想象，催出了音乐中开阔的空间线条，缤纷生动的深山幽谷美景，处处闪烁着灵思、想象与似有若无的欣喜。

茶与歌舞 第四节

其实舞蹈是一种身体的艺术，但我们常说"载歌载舞"，尤其在民间、茶乡，歌舞是难以分开的。

以茶事为内容的舞蹈，现在可知的是流行于我国南方各省的"茶灯"或"采茶灯"。茶灯和马灯、霸王鞭等，是过去汉族比较常见的一种民间舞蹈形式，是福建、广西、江西和安徽"采茶灯"的简称，在江西还有"茶篮灯"和"灯歌"的名字，在湖南、湖北则称为"采茶"和"茶歌"，在广西又称为"壮采茶"和"唱采舞"。这一舞蹈不仅各地名字不一，跳法也有不同。一般由一男一女或一男二女（也可有三人以上）参加表演。舞者腰系绸带，男的持一鞭作为扁担、锄头等，女的左手提茶篮，右手拿扇，边歌边舞，主要表现姑娘们在茶园的劳动生活。

除汉族和壮族的"茶灯"民间舞蹈外，少数民族中还有盛行盘舞、打歌的，往往也以敬茶和饮茶的茶事为内容，也可以说是一种茶叶舞蹈。如彝族打歌时，客人坐下后，主办打歌的村子或家庭，老老少少，恭恭敬敬，在大锣和唢呐的伴奏下，手端茶盘或酒盘，边舞边走，把茶、酒一一献给每位客人，然后再边舞边退。云南洱源白族打歌，也和彝族上述情况极其相像，人们手中端着茶或酒，在领歌者的带领下，唱着白语调，弯着膝，绕着火塘转圈圈，边转边抖动和扭动上身，以歌纵舞，以舞狂歌。

在中国的广大茶区，流传着代表不同时代生活情景的、发自茶农茶工的民间歌舞。现流行在江西等省的"采茶戏"，就是从茶区民间歌舞发展起来的。众所周知的《采茶扑蝶舞》和《采茶舞曲》等就是受人们喜爱的代表作。茶区山乡在采茶季节有"手采茶叶口唱歌，一筐茶叶一筐歌"之说。有不少采茶姑娘在采茶时，唱出蕴含丰富感情的情歌。傣族、侗族的青年男女中，更有一面愉快地采茶，一面对唱着情歌终成眷属的。江南各省凡是产茶的省份，诸如江西、浙江、福建、湖南、湖北、四川、贵州、云南等地，均有茶歌、茶舞和茶乐。中国现在最著名的茶歌舞，当推音乐家周大风作词作曲的《雨前曲》，一群江南少女，以采茶为内容，载歌载舞，满台生辉。

⊙《采茶扑蝶舞》

⊙《采茶舞曲》

第三章

茶与雕塑

艺术之始，雕塑为先。茶艺术的门类中自然应有此项。

雕塑是雕、刻、塑三种创制方法的总称，指用各种可塑材料（如石膏、树脂、黏土等）或可雕、可刻的硬质材料（如木材、石头、金属、玉块、玛瑙、铝、玻璃钢、砂岩、铜等），创造出一定空间的可视、可触的艺术形象，借以反映社会生活，表达艺术家的审美感受、审美情感、审美理想的艺术。雕、刻是做减法，塑则是做加法。以雕塑的艺术形式来表现茶文化，古已有之。

为了纪念重要的茶人或茶文化事件，古今都有不少以茶人为创作题材的雕塑作品。立雕像是一件神奇的事情，当我们眼见一座茶人的塑像落成，从一个精神象征成为一个立体的人的形象能够『目击而存』，甚至能够触摸，那种强烈的感召力是大不一样的。这当然就是雕塑艺术的魅力。

一、"陆鸿渐"瓷塑像

成书于唐穆宗时期的《唐国史补》（李肇著）记载："巩县陶者，多为瓷偶，号'陆鸿渐'。买数十茶器得一'鸿渐'，市人沽茗不利，辄灌注之。"

陆鸿渐就是陆羽。由以上文献可知，由于陆羽所著《茶经》影响深远，自唐代后期开始，就有把陆羽当作茶神供祭的风俗。同时，陆羽像可能还被当作一种促销手段，鼓励客人多买茶叶。

陆羽像作为唐代民间供奉和促销使用的器物，存世量理应不少。而时至今日，流传下来的"陆鸿渐"瓷像十分罕见，恐怕是因为还有许多陆羽像未被认出。

二十世纪五十年代在河北省唐县出土了一组五代时期的明器，其中有一个瓷人高十厘米。此像与成组茶具同出，上身穿交领衣，下身着裳，戴高冠，双手展长卷，交腿趺坐，仪态端庄。据孙机先生考证，其装束姿容不类常人，但也并不是佛教或道教造像，因它和多种茶具伴出，故应该是茶神陆羽像，所展书卷正是《茶经》。现藏于中国国家博物馆。

无独有偶，2015 年于河南巩义在一座晚唐墓中出土了一座唐三彩陆羽煮茶像，伴随陆羽像共同出土的还有茶碾、茶罐、执壶、茶盂、风炉、茶镀等一套三彩茶器，且这些茶具都能从《茶经》记载的"茶之器"中找到原型。如陆羽所云风炉有连葩、垂蔓、曲水、方文之类的装饰，茶镀"方其耳，广其缘，长其脐"，都与出土文物一一印证。

这件作品施黄褐釉和绿釉，粉红色胎，右侧为一坐俑，左侧一风炉上置有茶镀。陆羽坐像，高约 11 厘米。他头裹绿釉襆头，身着一件窄袖圆领长衫，端坐于一亚腰形圆座上，身体微微前倾，神情专注于身前的茶镀，左手抚于左

◎ 白瓷陆鸿渐像　　　　　　　　◎ 唐三彩陆羽烹茶像

腿上，右手执瓢，好像随时准备分茶。

这件陆羽像为研究陆羽形貌和唐代茶事提供了直接依据。更为可贵的是，出土这件三彩器的唐墓里有墨书砖墓志，记载着墓主人张氏夫人葬于 832 年，距陆羽离世仅二十八年。当时人们对陆羽的形象的刻画可能比较接近真容。暴眼、狮鼻、厚唇前突，这与史料中记载的陆羽貌陋比较吻合。

二、陆羽烹茶像

在中国，为茶圣陆羽塑像是许多地方茶人们共有的夙愿。因此，古往今来有各式各样的陆羽雕塑。特别著名的有湖北天门的青年陆羽立像、杭州中国茶叶博物馆的老年陆羽立像、湖州长兴大唐贡茶院陆羽阁内的茶神陆羽坐像。

2015 年，浙江农林大学茶文化学院前落成了一座较接近陆羽人物气质的"陆羽烹茶像"。这件作品与常人身形接近，坐像，青铜材质。

⊙各地的陆羽像

　　"看见"与"看懂"一件作品有本质区别，艺术史要做的就是不断解读每件艺术品背后的故事。陆羽的雕塑如何创作，首要是对陆羽其人有深入的认识。陆羽（733—806）一生，本是孤儿，寺中养大，不愿皈依，以儒立身；历经磨难，当过俳优，写过剧本，出入幕府，留下诗名，应征出仕，评论书法，编书修志；饱经战乱，遍历江南，著成茶经，推荐贡茶；终生未娶，隐逸山野，与茶共老。

　　陆羽的著作很丰富，在他二十九岁时已经完成了《君臣契》三卷、《源解》

三十卷、《江表四姓谱》十卷、《南北人物志》十卷、《吴兴历官记》三卷、《湖州刺史记》一卷、《茶经》三卷、《占梦》三卷、《警年》十卷。他还参与了颜真卿主持的《韵海镜源》的编撰。时人耿湋评价得最有远见，说他"一生为墨客，几世作茶仙"。

陆羽的思想很复杂，他可能对自己孤儿的身世有"天问"；他有精神洁癖，还有点偏执狂性格；他貌丑、口吃，曾为伶人，演木偶戏、参军戏，演丑角，简直像吉普赛人，也许有些自卑；他聪明绝顶、博览群书、游历山河，一定又很自傲；他学有所成，想做一番事业，却因爆发安史之乱，颠沛流离，看透世界。他可能颓废过，作《四悲诗》：

欲悲天失纲，胡尘蔽上苍。

欲悲地失常，烽烟纵虎狼。

欲悲民失所，被驱若犬羊。

悲盈五湖山失色，梦魂和泪绕西江。

但他无论对历史如何悲观，内心却始终有真纯的东西在。他定居湖州后，以采茶、编书为生，时人与后人都认同他的隐士身份。朝廷两次授予官职，他都拒绝。也许他有不为后人所知的很深刻的柏拉图式的爱情心路，但他终其一生也没有女人相伴。

"陆羽烹茶像"究竟应以怎样的艺术风格来表现陆羽呢？仅仅写实是不够的，表现陆羽不能没有古典的气质。

古典主义风格大致就是一种理想化的、美化的现实状态。比如古希腊的雕塑作品《掷铁饼者》，乍一看，是一位无比写实的运动中的男人体，肌肉毕现。然而他容貌俊美、细腻、安静，这就是理想化的结果。如果真要写实的话，捕捉掷铁饼一瞬间的表情，无论如何也不可能是安详宁静的。仅仅是这样解释"古典主义"就可以了吗？艺术本不可归类，西方人眼中的那份"古典"，最重要的是带有着对古希腊时代的眷恋与虽不能至心向往之的感情。

这就非常像陆羽对魏晋那个时代的眷恋之情，他明明是一个孤儿，但追溯自己的祖先，照样宣称自己是东晋贵族陆纳的后代。陆羽是精神贵族，他充满了古典主义的文学艺术气质，这种气质深深地留在了《茶经》中，影响着后世。日本冈仓天心的《茶之书》更多地从艺术的视角观察茶道，也谈到中国唐代是茶的古典主义时期。

在这种古典主义风格的观照下，"陆羽烹茶像"设计为坐姿，而并非跪坐，那样过于正式。他自称山人，独自在山野之间采茶、烹茶，应在大石上随意而坐。着装为"褐衣野服"，简单的束发，不戴冠，也不必太纠结于唐代规矩的着装方式。对陆羽的身姿手势做了反复的修改，背微弓，头微微向前伸，右手举着一碗茶，左手自然下垂。

陆羽像的面部表情，神色凝重，似乎并没有因为在山野中享受煎茶品茗之趣而感到快乐。与其解释为正要品茶，不如说在创作雕像前，设定为是品了一口茶之后的深刻思考。至于茶圣在思考些什么，也可以假设，他想起了《四悲诗》《六羡歌》或者《毁茶论》。因为这些作品表达的内容正是陆羽深刻并痛苦的根源。

"陆羽烹茶像"的创作正是建立在茶圣陆羽的内心是长存痛苦的，而非快乐逍遥的。这一点也常常是人们对陆羽的一种误读，总是认为一个以茶名世的文人，当然是优哉游哉、怡然自乐的。这种对茶和对陆羽的普遍误读，或许也是陆羽痛苦的又一原因。

陆羽是茶文化的象征。势必要用茶器表明人物的身份，茶器与人物共同完成了雕塑所要传递的茶文化使命。当代的陆羽像一般手持茶碗，也有手拈一片茶叶的，最多在面前出现一个唐代煮茶时的主要茶器风炉与釜。这都是比较合理的情况。很多陆羽像闹了笑话，配的竟是一把要到明代早期才出现的紫砂茶壶。

这座"陆羽烹茶像"做到了"烹茶尽具"。将唐代由陆羽在《茶经·四之器》中记载下来的二十五件茶器按照记载的规格、尺寸一一复制出来，环绕在陆羽坐像的身旁。

围绕在陆羽周边的二十五件茶器分别是：风炉、筥、炭挝、火夹、夹、鍑、交床、纸囊、碾、罗合、则、水方、漉水囊、瓢、竹筴、鹾簋、熟盂、

⊙陆羽烹茶像

碗、畚、扎、涤方、渣方、巾、具列、都篮。至于个别茶器如都篮等的规格尺寸，鉴于艺术表现的需要不能还原成原始大小。

雕塑的环境也是雕塑的一部分，这座陆羽像的环境是茶园与泉石。陆羽雕像的底座就在原本的土石野草之上，不以水泥、石板等现代材料处理，尽量保持自然的状态。雕像身后置一块巨大的顽石，象征山。岩石与人像融合为一个艺术的整体。顽石后有一条溪流自山上蜿蜒而来，符合陆羽提到要在有溪流与山石处烹茶的环境。几棵老树，姿态委婉，上有枯藤，十分像元人山水画中的树。

整个"陆羽烹茶像"正对着茶文化学院楼，右侧是一片枫树林，左侧是一片竹林，后方则是茶园。再往后的大背景，就是天目山的一脉——西径山。离雕塑不远处是另一件雕塑作品，一把一人多高的巨大东坡提梁紫砂壶，壶身上满满的刻着一部《茶经》。

泉石、老树、竹林、茶园、远山以及学院的书声，构成了"陆羽烹茶像"的氛围与意境。

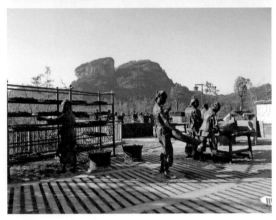

⊙武夷茶人雕塑群

三、武夷茶博园茶人雕塑群

中华武夷山茶博园以雕塑群的形式，通过历代著名茶人、茶事的历史风貌再现，集中展示了武夷茶的历史、传说、工艺。

除了浮雕墙以外，雕塑的茶人形象有神农、彭祖、武夷君。两侧环立的是历代与武夷茶有着不解之缘的十四位名人，唐代的陆羽、孙樵、徐夤，宋代的范仲淹、苏轼、朱熹、白玉蟾，元代的高兴、杜本，明代的陈铎、释超全，清代的董天工，近现代的连横、吴觉农等。

岩茶史话园区的雕塑群分为"远古的记忆""汉晋遗存""盛唐佳话""两宋风采""元代御茶园""明代散茶""清代乌龙茶""民国茶业科研基地""当代武夷茶的新崛起"九个片区。选取与武夷茶文化密切相关的历史人物、历史事件、历史文献和诗词歌赋，以雕塑的形式系统地表现出来，十分壮观。

⊙ 武夷茶人雕塑群

⊙茶马古道雕塑群

四、茶马古道雕像

　　茶马古道源于古代西南边疆的茶马互市，兴于唐宋，盛于明清。古代茶马古道运茶异常艰险，砖茶全靠人背马驮，翻山越岭，行进在高山峻岭中的羊肠小道，过河多是摇摇晃晃的绳索桥，危险极大。

　　四川雅安是边茶重镇，为纪念当年的背夫们，雅安市在茶马古道的源头，建了一组雕塑群，歌颂那些为藏汉民族的团结和兴旺作出贡献的人们。雕塑群以写实主义的手法真实再现了古道马帮艰辛坎坷的场景。

五、当代茶圣吴觉农全身像

吴觉农塑像高2.2米，基座高1米，青铜铸成，立于安徽祁门红茶博物馆前。因为民国时期，青年吴觉农就在祁门主持建设祁门红茶改良场，对祁门红茶的发展起到过决定性的作用。因此这座塑像正是表现了这位当代茶圣青年时期的英姿，也体现了祁门茶人对这位中国茶叶复兴计划先行者的深深缅怀之情，表达了当代茶人期待振兴茶业，传承老一辈茶人精神的坚定信念。

⊙青年吴觉农像

六、陈文华先生雕像

以汉白玉为材质雕刻而成的大型茶人像当属坐落于浙江农林大学茶文化学院的陈文华像。该雕像为半身像，高2.5米。陈文华先生是中国茶文化学科的奠基人、农业考古学科的创始人，被日本学术界称为"农业考古之父"。他一生都为茶文化的学术所付出，晚年又致力于茶文化的教育、茶文化村落的保护，以及茶文化舞台艺术。他的雕像坐落于茶文化学院之中，也让莘莘学子有了对理想信念直接的精神寄托。就在陈文华像不远处，还坐落着一座杨贤强像，是为纪念茶学专家、"茶多酚之父"杨贤强教授而建。

⊙陈文华像

⊙杨贤强像

第四章 茶与建筑

建筑是建筑物与构筑物的总称，是人们为了满足社会生活需要，利用所掌握的物质技术手段，并运用一定的科学规律、风水理念和美学法则创造的人工环境。而茶与建筑的关系是怎样的呢？不外乎有两种情况，一是专门为了满足茶事、茶文化活动而设计建造的建筑，二是吸收了茶以及茶文化的元素而设计的建筑。第一种情况如中国茶叶博物馆，就是为了充分展示中国的茶文化而做的建筑。第二种情况如位于贵州遵义湄潭天壶公园内的『大茶壶』体积为28360.23立方米，建筑面积逾5000平方米，壶高73.8米，壶身最大直径24米，是目前世界上最大的茶壶实物造型，并于2006年5月18日被上海大世界吉尼斯总部授予（中国之最）最大实物造型，成为遵义的地标性建筑。这件建筑作品的外在形式是茶壶与茶杯，但内部的功能却是综合的。如果一定要说第三种，那么就是前二者集于一身，如日本茶道的『草庵』，它既是专为茶道活动而建，其形式与美感也处处因茶道而起。

⊙ 贵州遵义湄潭天壶公园的"大茶壶"

⊙ 中国茶叶博物馆

经典茶建筑 第一节

一、茶馆

　　茶馆历史悠久，但究竟何时何地出现，中国古代的记载多语焉不详。史料提到诸多饮茶的空间都类似茶馆的功能，如茶肆、茶室、茶摊、茶棚、茶坊、茶房、茶社、茶园、茶亭、茶厅、茶庭、茶楼、茶铺等。往往在不同的地区，不同的时间，有不同的形式和名称。茶馆，是现代中国对这类服务设施空间最常用的词。

⊙ 杭州湖畔居茶楼

　　从文献可知，至少从唐代开始就有了茶馆，即喝茶的公共场所。在北宋首都开封和南宋首都杭州，有不少"茶坊"，为各行各业、三教九流提供了活动的场所。明清时期更是茶馆遍布，尤其在南京、杭州、扬州等南方城市。当代中国较为著名的茶馆如北京的老舍茶馆、杭州的青藤茶馆等。

⊙ 杭州青藤茶馆

⊙ 紫藤庐

二、茶艺馆

这里所指的"茶艺馆",并非大家通常所谓的"茶艺馆"。大家似乎一直将"茶馆"与"茶艺馆"的功能等同起来,或者认为装修更好、环境更优雅、有茶艺师服务的茶馆就是"茶艺馆"。

实际上,真正的茶艺馆应该是以饮茶为主导,集小型艺术馆、博物馆、音乐会、学术交流会、小剧场等文化、艺术功能于一体的茶文化空间。

1981年,台湾的周渝先生将他的私宅紫藤庐正式改为公共饮茶空间,茶艺馆诞生,提出"自然精神的再发现,人文精神的再创造"。作为茶空间的艺术,这是一个明显的标志。以紫藤庐为代表的台湾茶人们在当代茶席艺术的创作与茶空间的探索方面成为先行者。

三、日本茶室

　　这里特指日本茶道建筑中的茶室。日本茶道亦称"草庵茶"。这个别称起源于其茶室的外形与日本农家的草庵相同。它是由土、砂、木、竹、麦秸等组成的，外表不加任何装饰。茶人们信奉佛家的"无常"观，没有永恒的事物，茶室也不求永存，一个茶室的寿命以六十年为准。茶室的标准面积为四张半榻榻米，约 8.186 平方米。超过这个面积的称为大茶室，小于这个面积的称为小茶室。小茶室比大茶室更多地体现了简素、静寂的风格，所以成为茶室的正宗。日本茶室的最高代表，是由千利休设计建造的"待庵"，只有两张半榻榻米的面积。

　　茶室虽小，但外表要设计的富于变化、不单调。外表上最能体现茶道艺术特点的是茶室的小入口。这个非跪行而不能进入的小入口是世界建筑史上罕见的设计。壁龛是茶室中规格最高的部分，人们进入茶室，首先要在壁龛前行礼，参拜壁龛中挂着的禅宗墨迹，观赏茶花。茶室的窗户十分讲究，茶道主张采用自然光，茶室往往三面开窗，上面还要开小天窗。茶室的顶棚由苇叶、竹片做成。顶棚设计的有高有低，高顶棚

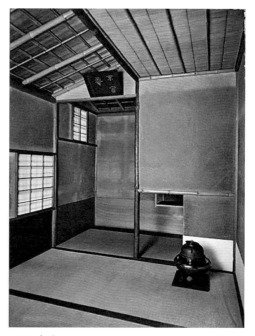

⊙ 不审庵

下坐客人，低顶棚下主人点茶，表示对客人的尊敬。

日本茶道茶室有三个特点：

第一，与一般房屋建筑不同，茶室是一种艺术品，是进行艺术创作的场所。它的目的不在于宽敞、舒适、明亮、耐久，而在于实现茶道的和、敬、清、寂的宗旨。由此，茶室有面积小、多变化的特点。每一个茶室都是独一无二的存在。

第二，茶室建筑材料以尊重自然形态为原则。室内不加装饰，内外的基本色调为朽叶色。

第三，茶室建筑中具有非茶室所没有的特别构造——地炉、小入口、台目榻榻米、增板、小天窗等。它们是历代茶人设计的结晶，它们的存在使茶室艺术之美带上了静谧、神妙的色彩。

四、茶庭

茶庭指的是用于品茶的园林与庭院。中国的造园艺术有悠久的历史，而庭院品茗是历代文人追求的雅境。中国园林是由建筑、山水、花木等组合而成的一个综合艺术品，富有诗情画意。叠山理水要造成"虽由人作，宛自天开"的意境。

如上海豫园成为著名的茶庭，但古建筑园林艺术家陈从周先生并不提倡将这些著名的江南园林改造成茶馆，破坏园林本该有的清幽。当然，这指的是特定时期的现象。在历史上就有以茶名世的园林，如无锡惠山的竹炉山房，明代沈贞绘有《竹炉山房图》，表现了茶庭品茗的意境，清乾隆也曾到此品茶作诗。

如果说中国人的园林天性自然，功能多样的话，那么日本的茶庭就有指向茶道的专门性了。日本茶道界称茶庭为"露地"，起于千利休，是从佛经中来的。"露地"不是供人欣赏的，而是修行的道场，人们通过在茶庭中的一段行走，在进入茶室前忘却俗世的烦恼、私欲。茶庭有几个特点：

⊙ 日本茶庭一景

第一，茶庭更多的是修行空间，不作休息、乘凉、赏景、游戏的场所。一般只种常绿植物，不栽花，特别是色彩鲜艳、花朵大的花。整体色调是自然木石色。

第二，茶庭中基本不留空地，常绿树木遮掩住大部分空间，只出现一条条小路和一些必不可少的设施。

第三，茶庭中的每一个景致都是与实用价值结合在一起的，没有专门供欣赏而设立的景物。但一石一木的安置都煞费苦心。

第四，茶庭分为外露地和内露地。客人先在外露地静心安神，而后进入内露地，最后进茶室。内外露地之间由一道竹棍或干树枝扎成的墙隔开。外露地设有小茅棚、石制洗手钵、内厕、尘穴、石灯笼等。

五、茶亭

一谈茶亭，最有名的是唐代陆羽住过的"三癸亭"，以及唐代顾渚山上每年斗茶所设的"竟会亭"。

⊙ 三癸亭

1. 三癸亭

三癸亭为唐大历八年湖州刺史颜真卿于浙江湖州杼山为陆羽所建。因为
成于癸丑年癸卯月癸亥日，故名三癸。颜真卿有诗《题杼山癸亭得暮字》："欻
搆三癸亭，实为陆生故。"今天在湖州杼山仍有三癸亭在，但是是一般凉亭的
面貌。唐代的三癸亭也许并非我们所想象的是湖州"品饮集团"举行茶会的场
所，很可能颜真卿借着编修类书的机会给陆羽造了一个住处。既然是陆羽居
所，肯定不是现在的样子，起码要有煮茶著书、起居坐卧的功能。

2. 竟会亭

自唐代起，紫笋茶与阳羡茶被作为贡品。两种茶其实产于一个山脉，但
分成两个州管辖，一个属于常州阳羡，就是今天的江苏宜兴，一个属于湖州顾
渚，就是今天的湖州长兴。所以这两个州的刺史就成了贡茶的共同负责人。每
年的农历三月是采茶时节，此时两州官员要聚集到两州交界的顾渚山上，共同
负责制茶和运送的监督工作。于是便在这个地方修建了一座亭子叫作"竟会
亭"。大家聚集在这个地方，举办茶叶的比赛。同时在这里办起了一年一度的
"嘉年华"。官员们还把艺妓带到山上，竖起彩旗，用彩色的帷幔围起来，在里

面饮酒作乐。也有的官员从山上下来，泛舟太湖，在画舫里欢宴，通宵达旦。官员们也因为贡茶层层盘剥，中饱私囊。曾坐在竟会亭长官席上的有我们所熟知的大诗人杜牧。那一年所有贡茶都送出了。杜牧写了一首诗《题茶山》，其中有名的两句是"山实东吴秀，茶称瑞草魁。"当年冬天他便被召回长安并于第二年去世，也再没去过竟会亭。

竟会亭的建筑样式、内部的结构功能究竟怎样，现在已不得而知。

3. 古道茶亭

古代随着农村经济发展，异地商贸往来逐渐频繁，茶会、集市适时建立，茶亭应运而生，是向行人、商旅提供休息、饮茶的公共设施。茶亭也与民间的施茶习俗密切相关。

浙皖之间的古代要道徽杭古道是以步行为主的通道，堪称江南的茶马古道。古道上原来每隔二里路就会有一个茶亭。一路上，凡有村子，多在村口设有茶亭；凡有桥梁，多在桥边设有茶亭。这些茶亭不仅是行路之人歇脚喝茶解渴之所，也是中国人道德的守望之地，更是心灵的驿站。这里以浙江临安境内的茶亭遗存为例加以介绍。

根据当地老人的回忆，一般茶亭中原先的布局，有二米长的桌子，有茶灶、茶锅、茶碗，前后有布帘挡风。茶灶有半人多高，夏天整锅的茶熬好做凉茶，供行脚的人来解渴、避暑。茶叶由村里专门成立的茶会提供，那是一种公益事业，过路人可以自己取用。管理茶亭的人由村里轮班，或者大家出钱雇一个村中最困难的孤寡之人，以烧茶为生。

最乐亭

最乐亭在一条公路边，刚被修缮一新。亭中有石碑，名"永安桥碑"，可见这座古茶亭原本该叫"永安桥亭"，"最乐亭"是乡人们新取的名字。这座亭子有徽派建筑的风格，里面堆满了农具。新建的梁柱结构很明显，梁柱上都题写着方位神名。抬头一望，正当中一根横梁一看就是旧物，与边上的木材色泽迥然不同。上面落着同治年的年款和人名，中间画着一个精巧的太极图。

80岁的老人陈兴隆当年在这座茶亭中泡过茶，他回忆了当年茶亭中的布局，以及往来热闹的景象。如今穿过茶亭的路早已不复存在，一边是河，另一边是公路。破败的茶亭被荒废了多年，如今整修一新，像一位簪花的白头老妪，看着公路与河流，兀暄无语。

冷水亭

冷水亭完全躲进了山坡长长的荒草之中，若非有人带路是决计发现不了的。冷水亭是一座石亭，像一口精巧的窑洞，依山而建。亭内长年有一泓山泉水，水质清冷甘洌，可供行人饮用解渴，因而得名。亭内有重修冷水亭碑，碑文大约记载了此地上接凤凰岭，原本无亭，行人艰辛，当地人就修了一座木亭，不料遭到了焚毁，于是大家又集资修成了这座石亭，一劳永逸。亭中的这眼冷水也从此保存了下来。

五圣桥亭

五圣桥亭位于临安清凉峰镇颊口村、杨溪义干村交界处，跨昌西溪，为杭徽古道要冲。亭边有重修五圣桥亭碑，同样记载了重修此亭捐款者的姓名。在茶亭的另一面有一块大碑，三个明代馆阁体的大字"灭度桥"十分有气度，"桥"已经有些不易辨识了。为何要叫灭度呢？传说中徽杭古道上走来一位客商，原先走到这里没有桥，要到渡口摆渡，摆渡人就敲起竹杠。后来这位客商发家成了徽州富商，就赌气要灭了此渡，于是捐银建桥。明万历十六年（1588）桥成，名灭渡桥。行人称便，勒石纪念。桥头有五圣亭、五圣庙，因此后人渐渐称为五圣桥。义干村民多行善事，炎夏来临，轮流烧茶，免费供应，受人赞佩。公路建成，古桥犹存，五圣桥亭如今修缮一新。此桥提醒人们要重义轻利。

还金亭

还金亭位于清凉峰镇白果村。南宋时，有个安徽书生赴杭州赶考，路经顺溪横溪桥茶亭，夜宿茶亭茅棚，次日一早继续上路，至杭州才发觉随身包裹已丢，里面有三百金。他即刻返身按原路寻找，再至横溪桥边茅棚，见乾山王仰峰老人拾得包裹后已在此等候多日，当面清点奉还，并分文未取犒银。多年后，书生显爵高位，然仰峰老人已故世。为永记老人的恩德，他请工匠在横溪桥边重修茶亭，留名"还金亭"。这座还金亭成为道德楷模的标志，受到历朝

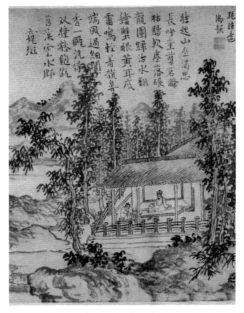

历代官方的表彰。

　　此外，还有观音岭茶亭、永丰茶亭、荐菊茶亭、陈善茶亭、铺桥头茶亭、车盘岭头古道茶亭等，见于史料记载的茶亭更是不计其数。这还仅是临安一地的例子，可见中国古代的茶亭，实是茶建筑中的大类。

六、茶寮

　　明代文震亨《长物志》第一卷"室庐"中第十一个条目就是"茶寮"："构一斗室，相傍山斋，内设茶具，教一童专主茶役，以供常日清谈，寒宵兀坐；幽人首务，不可少废者。"这里提出了茶寮的概念，但是还比较感性。此外，明代杨慎在他的《艺林伐山·茶寮》中谈到："僧寺茗所曰茶寮。寮，小窗也。"

　　茶寮是明代文士茶具有代表性的茶空间建筑，欣赏明代吴门画派的一批茶画，最能够直观地了解茶寮的形制与面貌。

⊙ 元　赵元　《陆羽煮茶图》

⊙ 明　文征明　《品茶图》

⊙ 当代茶寮

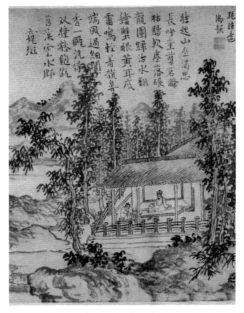

七、茶场

这里的茶场并非茶叶加工生产时的茶场，而是特指在浙江金华磐安发现的唯一宋代古茶场建筑：玉山古茶场。

古茶场位于磐安马塘村茶场山下，据史料记载，这座古茶场最早建于南宋年间，距今已有八百多年历史，现存建筑是清乾隆年间重修的。整个建筑按照茶场庙、茶场（茶叶交易）和管理用房组成，建筑面积1502平方米，建筑按交易市场布局，厢房住人、储物，正楼品茶和交易之用，是一处古代"市场"的实物遗存。磐安古茶场的发现，填补了我国古建筑领域的空白，这对研究我国古代茶业发展、茶叶文化乃至古代市场建筑艺术均具有重要价值。

茶场庙由牌坊式门楼、天井、庙宇三部分组成，中间门上方刻有"茶场庙"，两边有一幅记载人物故事的塑像，主脊檐饰双龙图案，檐下里外有壁画，天井用卵石铺成多种图案，庙宇三间柱头置栌斗，整个梁架有彩绘，明间上金檩下方雕有双龙及寿、福、禄图案，次间上金檩下方雕有蝙蝠图案，牛腿雕有花瓶、花草、动物等图案，屋脊中间置有葫芦定风叉，柱础鼓形成方形，明间鼓形柱础雕有双龙图案，明间地面用条石铺砌。

与茶场庙一墙之隔的是茶场管理用房，是古时朝廷官员征税办公的场所。茶场管理

⊙ 明　钱谷　《竹亭对棋图》

⊙ 玉山古茶场

用房代表了茶事的权力机构，象征着国家对茶这一重要税收作物的严格把握。此地比茶场庙略大一些，是用来进行市场管理、征税和办公的场所。人们假说，当年的巡检司或可能就在这里履职。而今，管理用房已变成了"观音禅师"殿。据说，早在宋代，这里就已经建有茶场和茶场庙，设有"茶纲"，到清咸丰二年，朝廷委派东阳县衙管理茶场，立"奉谕禁茶叶洋价称头碑""奉谕禁白术洋价称头碑""奉谕禁粮食洋价称头碑"三大碑。三大碑说明玉山古茶场除季节性茶叶交易外，平时还有白术、粮食等商品自由交易，反映了综合市场的特性，同时见证了山区经济发展的轨迹。

从管理用房旁边的耳房转出，古茶场便赫然在目，实际上它就是古代的一个"茶博城"。古茶场在空间上，给人最直观的感觉就是一个四四方方的院子，它由门楼、小天井、两侧厢房、第一进院、大天井、第二进院以及这二进旁的厢房组成。前后两进房子均为五开间，中三间为厅堂，两侧为厢房。厅堂、厢房十四榀柱子围成了一个大四合院（即大天井），均为二层楼房，形式为走马楼。楼上临天井四面是相通的廊，以便于楼上客商往来，留宿商谈，楼下为固定摊位及自由交易摊位，可设茶铺进行交易。听老辈们说，大天井里原本有一个飞檐翘角的戏台，建于乾隆戊戌年（1778），上有盘龙石柱，精工细致，气派得很，堪称这里的建筑经典，上书一副楹联：月白风清如此良夜，高山流水别有知音。

从中间一进两侧的简易楼梯拾级而上，楼上便是古时观戏的贵宾台。台中有一张旧桌，桌旁放置着一张古色的茶缸，上有茶叶纹饰，腹部还有"周顺德记"四字，可见茶缸主人家底颇丰。而古时候，也正是在这台子上，人们开展"斗茶""猜茶谜"等游戏时，就少不了这种茶缸。评茶斗茶，其茶市的功能非常完备。

八、茶城

随着茶叶产业与贸易的日益繁荣，历史与当下都涌现出了各种用以进行茶叶交易的建筑，称为"茶城"或"茶博城"。

恰克图与买卖城是清代中俄边境的重镇，作为中俄茶叶贸易交界地区

⊙ 恰克图

的重要贸易点而盛极一时。在俄罗斯和西欧的文献中，它被称为"西伯利亚汉堡"和"沙漠威尼斯"。后因中俄茶叶贸易商路的转变而退出历史舞台。

⊙ 买卖城

当代的茶城更是层出不穷，规模越来越大，功能越来越多。如北京的马连道茶城、湖南的岳阳茶博城、杭州的茶都茗园等，不胜枚举。

随着国家推行特色小镇的建设，茶文化为主题的特色小镇也就成为了茶建筑的更大的空间载体。如杭州的龙坞茶镇已经初具规模。

九、大唐贡茶院

大唐贡茶院位于浙江省长兴县顾渚山侧的虎头岩。始建于唐大历五年（770）。它是督造唐代贡茶顾渚紫笋茶的场所，也可以说是有史可稽的中国历史上首座茶叶加工工场。产于长兴顾渚山的紫笋茶，是唐代贡茶。唐大历五年，始贡五百串；至会昌中（841—846），岁贡增至一万八千四百斤。

大唐贡茶院由陆羽阁、吉祥寺、东廊、西廊四个部分组成。贡茶院中，"陆羽阁"以展示茶圣陆羽生平和《茶经》为主；"吉祥寺"与"陆羽阁"南北相对，寺内供奉着文殊菩萨；西廊由名人典故、摩崖石刻、二十八刺史介绍三大部分组成；东廊的贡茶制作、品茗三绝、贡茶知识、宫廷茶艺表演等内容则反映了贡茶的历史渊源。

⊙ 大唐贡茶院

十、甘露石屋

甘露石屋，又称甘露石室、石殿，全石结构，位于蒙顶山甘露峰峰巅，面积约十二平方米。相传此地原为植茶祖师吴理真种茶休憩之所，明嘉靖十九年由僧人洪音建石室作凭吊祭祀之用。

据当地人称，吴理真，西汉严道（四川省雅安名山区）人，号甘露道人，道家学派人物，先后主持蒙顶山各观院，被称为蒙顶山茶祖、茶道大师。宋孝宗在淳熙十三年（1186）封吴理真为"甘露普惠妙济大师"，并把他手植七株仙的地方封为"皇茶园"。因此，吴理真也被称作"甘露大师"。

这个明代的石屋建筑自然古朴，用以祭祀"茶祖"，当然也是经典的茶建筑了，如今石屋中落成了吴理真仰卧饮茶的塑像。

⊙ 蒙顶山牌坊

⊙ 甘露石屋

第二节 茶空间

一、茶空间概念

2002年张宏庸在台湾出版的《台湾茶艺发展史》一书中总结了"茶所"这一概念："茶所的规划方面，有属于私人茶所的厅堂、雅室、园林；属于工作场所的会客室与工作室；属于公共茶所的茶馆；属于户外茶所的野外品茗。这类茶所自古以来都有相当的发展。"这里所谓的"茶所"已经具备了茶空间的面貌。

2015年浙江农林大学茶文化学院王旭烽教授在首届"茶空间精英实训"的讲授中首次系统地界定了茶空间的定义：与人类品饮茶有关的实体空间、自然空间、精神空间与虚拟空间的总和即茶空间。这个概念与以往的一些提法最大的不同在于，不再是仅以饮茶为中心来认识空间，而是以空间自身为主体，根据茶事需要来设计、调整与布置，茶与空间是一个有机的整体。并且茶空间是多维度的，包括精神的和虚拟的，这也为茶空间的艺术化和产业化发展提供了广阔的前景。

其一，与人类品饮茶有关的实体空间。包括常规的老茶馆、茶艺馆；酒店和饭店大堂饮茶处、茶吧台；企事业单位的茶吧、茶接待室；大中小学各类茶教室、实验室；茶博物馆、茶艺术馆以及各式茶单位有关茶的展示空间；家庭

⊙ 上海民国老茶馆改造的"茶于1946"茶空间

茶室、饮茶角；移动型露天茶空间等。

其二，与人类品饮茶有关的自然空间。包括户外与山水同在的饮茶空间，从来就是中国传统文人的重要茶空间。自然空间一旦与茶有关，就构成了茶空间。

其三，与人类品饮茶有关的精神空间。精神空间包含两个层面，一个是与茶相关的寄托人类精神、灵魂、信仰的空间，如实行茶道仪轨的寺院，与茶有关的教堂、清真寺等。另一个层面是人类在精神世界中构建的茶空间，这些往往通过诗歌、小说、戏剧、音乐、绘画、冥想等手段完成。

其四，与人类品饮茶有关的虚拟空间。包括互联网上的茶空间、茶交易平台、茶网店、手机客户端上的茶空间、茶相关数据库，以及线上线下相结合的半虚拟空间。

⊙ 广东珠海的昊展茶博物馆

⊙ 杭州青竹茶空间

二、建构茶空间的要素

最后，以目前茶空间领域享有的探索，总结一下构成一个茶空间所需要具备的要素。并且，这些要素的排列有前后的顺序关系。

（1）建筑（或自然、半自然环境）

（2）茶空间文本（茶空间的内涵，所要展示和表达的内容）

（3）室内设计装修（硬件）

（4）室内装饰（茶书画、摄影、雕塑、古玩、艺术品等）

（5）茶家具（茶桌椅、茶台、茶柜等）

（6）茶席、茶器

（7）茶服

（8）茶空间音乐

茶空间是一个值得不断探讨与研究的话题。对于茶人的个体生命而言，茶空间是茶与相应精神生活的承载方式。同时茶空间的现实意义还在于，它以空间的形式组织出茶文化的"话语体系"，成为茶文化产业的一种新形态。

⊙ 杭州"观芷"茶空间

⊙ 湖南岳阳"潇湘茶院"茶空间

微茶庄园与茶民宿 第三节

　　"微茶庄园"的概念是由浙江农林大学王旭烽教授于 2016 年夏天在波尔多庄园经济研讨会上首次提出，并开始研究与实验。它是以家庭或小群落为基本规模，以复合经营理念为指导，包括茶种植、生产、营销、文化、旅游、科研为一体的微小型茶农庄模式。2017 年 3 月，首批"微茶庄园"建设实验点由汉语国际茶文化传播基地发布。同时，王旭烽教授提出一家一户的家庭茶庄，具备一定餐饮和住宿条件的茶园基地，都可能成为下一个"微茶庄园"，这可能是茶文化产业未来最易发展的模式之一。

　　这一概念的提出，主要是着眼于一种新型的产业模式，但是这种产业模式中非常重要的一个关键因素就是作为茶建筑的物质载体。就像法国的葡萄酒庄园，其空间上的构成主要是葡萄园与酒庄建筑两部分组成。其酒庄的主体建筑往往具有数百年的历史，风格各异，并成为其葡萄酒商标上的标志性图案。微茶庄园也是如此，在空间上由茶园（不论面积大小）与主体建筑构成。同时，没有茶庄园但是在茶产区的民宿，也可以有茶文化的主题与魅力。

一、杭州"鱼乐山房"微茶庄园

浙江杭州的"鱼乐山房"位于临安区白沙村太子庙，在著名的太湖源景区。"鱼乐山房"取名出自《庄子》，《庄子与惠子游于濠梁》曰："子非鱼，安知鱼之乐也？""子非我，安知我不知鱼之乐也？"传达着"超然物外、天人合一、崇尚自由，享受自然"的生活情趣和理念。

"鱼乐山房"的附近有个太子庵，据说昭明太子曾在这里分经论茶，将茶与儒家中庸思想结合，也使临安名茶天目青顶有了丰厚的历史渊源。

民宿主人投入了大量时间精力，将原来的普通民宿，转型成以茶为主题的高端民宿，完成了一次"微茶庄园"的实践。

⊙ 鱼乐山房

向"微茶庄园"靠近不仅仅只是民宿档次的提升，硬装的修改，还有最核心的内容——茶文化。鱼乐山房从进门开始，走廊、大厅、茶室、书画室都挂着中国历代茶书画作品的高清复制品，可供游客欣赏、学习。还专门成立了由文人、艺术家构成的书画院，创作了大量茶艺术作品。一楼大厅同时具有"小茶馆"的功能，还开辟了专门会议品茗的茶室和临窗看溪的小茶轩。大厅的书架上搜集了各种各样的茶书与茶叶杂志，就连每一个房间里都配置了各不相同的茶席，并放上精美的茶书，供游客品茗、阅读。就在这个建筑的身后，拾级而上就有自家的茶园，可以亲手采茶、制茶。鱼乐山房不断推出茶事活动，如茶叶采摘与炒制、品茶、二十四节气与茶、主题茶会，还有从茶中衍生出去的茶产品，茶菜、茶染、茶浴、茶书等，将茶与民宿全面融合起来。

二、西双版纳"曾家号"微茶庄园

西双版纳"曾家号"微茶庄园是一个集古茶树园、勐海曾氏老茶树茶厂、普洱品饮、休闲住宿为一体的少数民族微茶庄园。坐落在西双版纳普洱茶都勐海。这里得天独厚的自然条件，孕育了大叶种普洱茶，尤其品质卓异的古树茶园是这个微茶庄园的重要特色资源。

此外，"曾家号"微茶庄园名字的由来正是因为这个普洱家族中的曾云荣老先生。他是普洱茶界一位传奇人物，曾先后两次出国援助非洲马里共和国和缅甸联邦共和国种植茶叶，特别是受联合国委派在缅甸金三角地区实施以茶替代罂粟的绿色禁毒模式，他的事迹被改编成了不少影视作品。

而"曾家号"微茶庄园的又一重要特色源于主人出生于茶叶民族"拉祜族"，拉祜族是中国古老的民族之一，拉祜族清代以后史籍称之为"倮黑"，主要分布在云南省的澜沧地区和双江、孟连等县，其余散居在云南省的思茅、临沧等地。在拉祜语中，"拉"是捕获猛虎，"祜"是大家分食的意思，因此，猎猛虎共享是拉祜人对自己的称呼。

庄园也以拉祜族的茶文化为表现内容，以葫芦和茶叶为图腾。除了可以

⊙ 西双版纳"曾家号"微茶庄园

体验到普洱茶中的青熟饼茶、砖茶、沱茶、瓜茶、葫芦茶、竹筒茶以外，还恢复了古老的毛火茶制作方法。还可以品尝到最为地道的拉祜族烤茶。饮烤茶是拉祜族古老而传统的一种饮茶方式。烤茶又称"爆冲茶"，拉祜语叫"腊扎夺"。

随着当今社会旅游方式的不断扩展、旅游内容的不断丰富，还有人们对旅游观念的不断更新，民宿作为风景区的特色住宿，也必然会随之不断地改变其方式和内容，如今的民宿产业正处于瓶颈期，更需要不断地改变自己，寻找具有发展前景的方向来迎合游客。而"微茶庄园"模式的出现，为民宿的创新开发与升级提供了一种切实可行的方案，顺应了民宿的现状需求，将茶产业与民宿相结合，必能达成双赢的共识。

第五章 茶与戏剧

戏剧，指以语言、动作、舞蹈、音乐等形式达到叙事目的的的舞台表演艺术的总称。戏剧的表演形式多种多样，常见的包括话剧、歌剧、舞剧、音乐剧、木偶戏等。戏剧当然也包含了演员的表演艺术，特别是语言以及「筋肉运动」的艺术。

而戏剧这种经典的艺术，在东方特别是在中国往往又有自身的特点，常常以戏曲的方式存在，如昆剧、京剧、越剧等。中国的戏曲往往将造型艺术与表演艺术合一，将生活艺术与宗教仪式合一。中国的戏曲往往将造型艺术与表演艺术合一，将音乐、舞蹈与戏剧合一。中国的戏剧中，往往携带社会关系的民间艺术最有活力。而茶文化这一题材，在其中扮演了重要的纽带角色。例如大型茶文化舞台艺术呈现《中国茶谣》的创作正是遵循了这千百年来中国民间艺术的内在原则。

第一节 茶与戏曲

在中国，茶与戏曲的渊源很深，茶圣陆羽就有过一段演戏、编剧的经历。陆羽少年时期不愿出家，从龙盖寺逃出来，就投身戏班。他有着惊人的表演与编剧才华，无师自通，不但编写了滑稽戏《谑谈》三篇，而且亲自参加演出，还耍弄木偶，演做假官，做了藏珠之戏。可惜这些剧作，未能流传后世。

宋代，音乐、曲艺已进入茶馆。元代，出现了有茶事内容的杂剧，在《孟德耀举案齐眉》中有："吩咐管家的嬷嬷，一日送三餐茶饭"。

此后，中国的传统戏剧剧目中，还有不少表现茶事的情节与台词。如昆剧《西园记》的开场白中就有"买到兰陵美酒，烹来阳羡新茶"之句。宋元南戏《寻亲记》中有一出"茶访"，元代王实甫有《苏小卿月夜贩茶船》。

中国的戏曲是到元代才成熟的。那里面已有关于茶的场景。到了明代，大约和莎士比亚同期，中国出现大戏剧家汤显祖，他把自己的屋子命名为玉茗堂，他那二十九卷书，通称《玉茗堂集》。在他的代表作《牡丹亭·劝农》一折中，描写了茶事，并搬上舞台演出。汤显祖在茶乡浙江遂昌当过县官，在那里写过"长桥夜月歌携酒，僻坞春风唱采茶"的诗行。他写"劝农"，是有生活基础的。

此时戏台上开始出现一种朴素的服饰，行家称"茶衣"，蓝布制成的对襟短衫，齐手处有白布水袖口，扮演跑堂、牧童、书童、樵夫、渔翁的人，就穿这身。

⊙ 上海天蟾茶楼旧照

　　中国曲艺的发展少不了茶在其中的重要作用。以苏州评弹为代表的曲艺其舞台就是茶馆。无论南北，不仅弹唱、相声、大鼓、评话等曲艺大多在茶馆演出，就是各种戏剧演出的剧场，最初亦多在茶馆。所以，在明清时期，凡是营业性的戏剧演出场所，一般统称之为"茶园"或"茶楼"，而戏曲演员演出的收入，早先也是由茶馆支付。如十九世纪末年北京最有名的"查家茶楼""广和茶楼"以及上海的"丹桂茶园""天仙茶园"等，均是演出场所。这类茶园或茶楼，一般在一壁墙的中间建一台，台前平地称之为"池"，三面环以楼廊作观众席，设置茶桌、茶椅，供观众边品茗边观戏。所以，有人也形象地称："戏曲是我国用茶汁浇灌起来的一门艺术。"直到今天，北京的老舍茶馆依然是以观赏曲艺为最大特色的茶馆。

一、茶题材的传统戏曲

1.《牡丹亭·劝农》

明代著名戏剧家汤显祖在他的代表作《牡丹亭》里，就有许多表达茶事的情节。如在《劝农》一折，当杜丽娘的父亲，太守杜宝在风和日丽的春天下乡劝勉农作，来到田间时，只见农妇们边采茶边唱道："乘谷雨，采新茶，一旗半枪金缕芽。学士雪炊地，书生困想他，竹烟新瓦。"杜宝见到农妇们采茶如同采花一般的情景，不禁喜上眉梢，吟曰："只因天上少茶星，地下先开百草精，闲煞女郎贪斗草，风光不似比茶清。"

⊙《牡丹亭》茶艺

2.《水浒记·借茶》

明代计自昌编剧。内容是写张三郎偶遇县衙押司宋江之妾阎婆惜，先是借茶调戏，继而以饮茶为由，勾搭成奸，最终被宋江杀死的情节。

3.《玉簪记·茶叙》

明代高濂编剧。内容是写才子潘必正与陈娇莲从小指腹联姻，后因金兵南侵而分离。陈娇莲进女贞观改名妙常，潘必正投金陵姑母处安身，后在女贞观与妙常相见。一天，妙常煮茗问香，相邀潘必正谈话。在禅舍里，二人品茗叙情。妙常有言道："一炷清香，一盏茶，尘心原不染仙家。可怜今夜凄凉月，偏向离人窗外斜。"在此，潘、陈以清茶叙谊，倾注离人情怀。

4.《凤鸣记·吃茶》

相传系明代王世贞编剧。全剧写权臣严嵩杀害忠良夏言、曾铣。杨继盛痛斥严嵩有五奸十大罪状而遭惨戮。《吃茶》一出写的是杨继盛拜访附势趋权的赵文华，在奉茶、吃茶之机，借题发挥，展开了一场唇枪舌剑。其中有杨、赵的一段对白。

赵曰："杨先生，这茶是严东楼（注：严嵩之子）见惠的，如何？"

杨答："茶便好，就是不香！"

赵曰："茶便不香，倒有滋味。"

杨答："恐怕这滋味不久远！"

这种含蓄的对话，使吃茶的含义得到进一步扩展，更有回味。

5.《四婵娟·斗茗》

清代洪昇编剧。斗茗为《四婵娟》之一，写的是宋代女词人李清照与丈夫金石学家赵明诚："每饭罢，归来坐烹茶，指堆积书史，言某事在某书、某卷、第几页、第几行，以中否角胜负，为饮茶先后"的斗茶故事，描写了李清照的富有文学艺术情趣的家庭生活。

⊙ 阿庆嫂

6.《沙家浜》

大作家汪曾祺改编的京剧《沙家浜》是八个样板戏之一。其剧情就是在阿庆嫂开设的春来茶馆中展开的。里面有段由阿庆嫂唱的"西皮流水"："垒起七星灶，铜壶煮三江；摆开八仙桌，招待十六方；来的都是客，全凭嘴一张；相逢开口笑，过后不思量；人一走，茶就凉，有什么周详不周详……"

二、采茶戏

茶与戏曲的相辅相成中，中国诞生了世界上唯一由茶事发展产生的以茶命名的戏剧独立剧种——"采茶戏"。

所谓采茶戏，是流行于江西、湖北、湖南、安徽、福建、广东、广西等省、自治区的一种戏曲类别，是直接由采茶歌和采茶舞脱胎发展起来的，最初是茶农采茶时所唱的茶歌，在民间灯彩和民间歌舞的基础上形成，有四百年历史了。这个戏种善用喜剧形式，诙谐生动，多表现农民、手艺人、小商贩的生活。

采茶戏不仅与茶有关，而且是茶

叶文化在戏曲领域派生或戏曲文化吸收茶叶文化形成的一种灿烂文化内容。有一出戏叫《九龙山摘茶》，从头到尾就演茶：采茶、炒茶、搓茶、卖茶、送茶、看茶、尝茶、买茶、运茶，全都做了程序化的描述。

采茶戏在各省每每还以流行的地区不同，而冠以各地的地名来加以区别。如广东的"粤北采茶戏"，湖北的"阳新采茶戏""黄梅采茶戏""蕲春采茶戏"等。这种戏尤以江西较为普遍，剧种也多，如江西采茶戏的剧种，即有"赣南采茶戏""抚州采茶戏""南昌采茶戏""武宁采茶戏""赣东采茶戏""吉安采茶戏""景德镇采茶戏"和"宁都采茶戏"等。这些剧种虽然名目繁多，但它们形成的时间，大致都在清代中期至清代末年的这一阶段。它的形成，不只脱颖于采茶歌和采茶舞，还和花灯戏、花鼓戏的风格十分相近，与之有交互影响的关系。

三、《中国茶谣》

《中国茶谣》是 2008 年由浙江农林大学茶文化学院创作，著名茶文化学者、作家王旭烽编剧、导演的一台大型综合茶文化艺术呈现。登上了联合国世界茶叶大会的舞台。

《中国茶谣》的多重艺术叙述：

一是华夏民族的生命形态。在这里，从生活开始的十个过程，分别是劳作、相爱、祈祷、成亲、养生、离别、劫难、相思、耕读、团圆。这是一个完整的生命形态，因为有着很高的概括性，象征着中华民族这悠久古老的民族的生活方式，在全世界任何地方都会引起共鸣。

二是茶文化的民间文化形态。从喊茶、佛茶、采茶、下茶、仙茶、施茶、讲茶、会茶、礼茶到祝茶，每一个茶文化习俗都具有强烈鲜活的民间形态，都有出处，都有传统，都有可以鲜明表现的艺术方式，有的具有很高的审美价值。

三是时间概念上的文化节点。整个过程以人的生命为长歌，以茶文化为内容，以中华节气和节日为坐标，它们分别是：惊蛰、清明、芒种、立夏、立

⊙ 喊茶　　　　　　⊙ 茶萌动　　　　　　⊙ 采茶对歌

⊙ 晒茶　　　　　　⊙ 炒茶　　　　　　　⊙ 喜茶

⊙ 姑嫂茶　　　　　⊙ 盖碗茶舞　　　　　⊙ 讲茶

⊙ 新年团圆茶　　　　　　　　⊙ 龙行茶

秋、中秋、白露、大雪、除夕、春节。这些节日自身带有强烈的东方文明审美符号，加之茶文化习俗与之的重叠，使中国文化的符号更为强烈和清晰。

四是独特的表现形态。虽然有常规的歌舞，但茶文化中特有的茶艺形态，亦可以结合进入舞台呈现，还可以结合诸多的文化样式，如戏曲、歌舞、影像、茶艺、武术、说书等……

作品的表现方式体现了中华民族的高度美感和丰富的文化内涵，尤其是茶文化事象中的茶民俗，把中华民族生生不息的生命形态加以茶化，最容易沟通各民族各个不同文化背景下人们共通的情怀与精神。

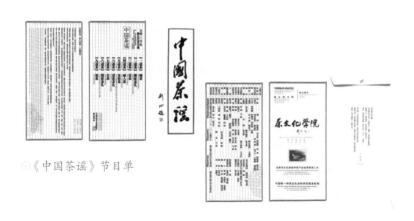

⊙《中国茶谣》节目单

⊙《中国茶谣》入场券、海报

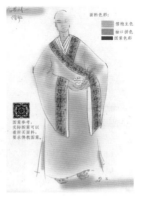

⊙《中国茶谣》服装设计手稿

茶与话剧 第二节

　　话剧指以对话方式为主的戏剧形式，于十九世纪末二十世纪初来到中国。1906 年冬，受日本"新派"剧启示，中国留日学生曾孝谷、李叔同等于东京组织建立一个以戏剧为主的综合性艺术团体——春柳社。先后加入者有欧阳予倩、吴我尊、马绛士、谢抗白、陆镜若等人。1907 年春柳社在日本东京演出《茶花女》《黑奴吁天录》。同年，王钟声等在上海组织"春阳社"，演出《黑奴吁天录》。这标志着中国话剧的奠基和发端。这种以对话为主要手段的舞台剧被称为新剧，后又称文明戏。1910 年同盟会员刘艺舟（又名木铎）由关内来到辽阳，演出了新剧《哀江南》和《大陆春秋》。同年 5 月到奉天，与戏曲艺人丁香花、杜云卿等人联合，先后在鸣盛茶园演出抨击封建专制的新剧《国会血》。中国的话剧就这样从茶园茶馆中开始上演了。

一、外国茶事话剧

　　随着中国茶的向外传播，茶进入了各国人民的生活之中，茶事自然也渗入到外国的戏剧中。1692 年，英国剧作家索逊在《妻的宽恕》剧中有关于茶会的描述。1735 年，意大利作家麦达斯达觉在维也纳写过一部叫《中国女子》

⊙ 荷兰贵妇饮茶图

的剧本，其中有人们边品茶、边观剧的场面。还有英国剧作家贡格莱的《双重买卖人》、喜剧家费亭的《七副面具下的爱》，都有饮茶的场面和情节。德国伟大的戏剧家布莱希特的话剧《杜拉朵》中也有许多有关茶事的情节。

1701 年荷兰阿姆斯特丹上演的戏剧《茶迷贵妇人》，至今还在欧洲演出。荷兰是欧洲最早饮茶的国家。中国茶最初作为最珍贵的礼品输入荷兰。当时由于茶价昂贵，只有荷兰贵族和东印度公司的达官贵人才能享用。到 1637 年，许多富商家庭也参照中国的茶宴形式，在家庭中布置专用茶室，进口中国名贵的香茗，邀请至爱亲朋欢聚品饮。至使许多贵妇人以拥有名茶为荣，以家有高雅茶室为时髦。后来，随着茶叶输入量的增多，使饮茶风尚逐渐普及到民间。在一段时间内，妇女们纷纷来到啤酒店、咖啡馆或茶室饮茶，还自发组织饮茶俱乐部、茶会等。由于妇女嗜茶聚会，悠闲游逛，懒治家务，丈夫常为之愤然酗酒，致使家庭夫妻不和，社会纠纷增加，因此社会舆论曾一度攻击饮茶，《茶迷贵妇人》写的就是当时荷兰妇女饮茶及由此引起的风波。

二、中国茶事话剧

谈到中国的茶事话剧，著名剧作家田汉的《梵峨琳与蔷薇》中有不少煮水、沏茶、奉茶、斟茶的场面。但最为脍炙人口的经典之作，就是老舍的《茶馆》。

由老舍编剧，焦菊隐、夏淳等导演的话剧《茶馆》是北京人艺的"看家戏"，也是我国目前演出场次最多的剧目之一。该剧通过写一个历经沧桑的"老裕泰"茶馆。在清代戊戌变法失败后，民国初年北洋军阀盘踞时期和国民党政府崩溃前夕，在茶馆里发生的各种人物的遭遇，以及他们最终的命运，揭露了社会变革的必要性和必然性。《茶馆》自1958年3月首演以来，已走过近半个多世纪的风风雨雨。从第一版首演之日起，《茶馆》便和于是之、蓝天野、郑榕、英若诚、黄宗洛这些艺术家的名字联系在一起。《茶馆》因为他们的不懈努力和精彩演绎而成为世界戏剧舞台上的不朽之作。

⊙ 老舍《茶馆》剧照

话剧《茶餐厅》是讲述"香港人北漂"三十年创业史的一部现实主义题材作品。描写香港人在北京经营港式茶餐厅，奋斗打拼三十年，最终扎根北京，融入北京的创业故事。该剧具有开阔的历史视野与新颖的叙事结构。"戏中戏"令人耳目一新，作品将北京电台FM87.6直播间搬上舞台，

⊙《茶餐厅》剧照

整部剧以主人公接受主持人采访展开回忆为叙事方式。话剧选择了茶餐厅这一香港独特的茶文化餐饮形式，形成了一个巧妙的空间，为观众揭示了一个普通香港人在内地改革开放中的奋斗历程。

话剧《茶人杭天醉》是由浙江艺术职业学院根据王旭烽长篇小说《南方有嘉木》改编的原创话剧。此剧由莫江陵编剧，史昕导演。茶的清香、心的碰撞、爱的纠缠，在剧中交织。本剧时代背景是清朝末年，以绿茶之都杭州的忘

⊙《茶人杭天醉》剧照

忧茶庄杭氏家族跌宕起伏的命运为主线，讲述了剧中人物忧患重重的人生。忘忧茶庄的茶人叫杭天醉，生长在封建王朝瓦解与民国初建的年代，他是一个矛盾集合体，有学问，有才气，有激情，也有抱负，但却优柔寡断，爱兄弟，爱妻子，爱小妾，爱子女……最终却"爱"得茫然若失。通过描述杭氏家族的兴衰成败，将杭城史影、茶业兴衰、茶人情致等融于一炉，也可以看到人生道路上忍辱负重、挣扎前行的杭州茶人的气质和风采，也传递了那个时代中国人求生存、求发展的坚毅精神和向往光明的思想感情。

三、话剧《六羡歌》

2010 年由浙江农林大学茶文化学院创作的六幕话剧《六羡歌》在北京朝阳区 9 剧场上演。该话剧由王旭烽担任编剧、总导演，由笔者担任执行导演，由浙江农林大学梵风话剧社的学生以及茶文化专业的学生担任演员。剧本、导演、演员、舞美、道具、宣传、剧务等全部由师生原创，先后在北京、杭州、湖州等地公演。

全剧讲述了一群茶文化系的学生穿越历史，梦回大唐，直面茶圣陆羽与女诗人李冶（李季兰）的情感纠葛。全面反映了安史之乱后唐代的社会面貌，展现了中国茶文化鼎盛年华的气象，表现了一代茶圣的心路历程，描绘知识分子内心的愿景及其带来的思想斗争，是一个诠释生命与爱情、理想与抉择的故事。

第一幕：夜航船

安史之乱即将结束的一个夜晚，在太湖强盗的夜航船里，一群与风流女史李季兰有着情感纠葛的文人正向强盗作揖求饶。而陆羽正与强盗争夺一桶金沙泉水，抢夺中水洒落在地，陆羽不顾性命要求赔水，险些被恼怒的强盗杀害。同时李季兰为了营救众人正与强盗喝酒猜拳，约定赢了之后就带走自己的意中人。见到一班旧情人之后，一一回忆往昔，失望之余见到了陆羽，欲认其

⊙《六美歌》剧照

为意中人，反遭陆羽拒绝。一句玩笑话竟使真挚的陆羽跳入湖中，最终强盗也佩服陆羽，遂放了众人。

第二幕：放碗花

妙喜寺里，陆羽正与茶童就煎茶一事追逐玩闹，说话间透露陆羽的身世。释皎然送上李季兰为陆羽写的诗，两人正品读时，李季兰与朱放前来告知常伯熊将与陆羽斗茶一事。李、朱二人根据官场惯例好言相劝陆羽要为此番斗茶精心准备，却被清高的陆羽拒绝。释皎然呈上陆羽研制的紫笋茶来解围，细品后季兰一语道出其中不足，然还是不能改变陆羽对茶与人生的看法。经过此行，李季兰更对陆羽敬爱有佳。

第三幕：斗茶记

湖州开元寺里，李季兰挥笔写下"茶"字。常伯熊想从李季兰口中打听主持斗茶的李季卿大人的背景，被李季兰鄙视。李季卿携众人驾到，李季兰和歌迎接，推说陆羽即到，转身又焦急地等待还在为营救太湖强盗奔忙的陆羽。常伯熊上前献媚，为李季卿及众人表演了一出排场十足、金碧辉煌的茶艺，低级马屁也引来大人夸奖。正此时，兵士压着太湖强盗上前，众人劝说无效。陆羽慌忙前来，想用茶道化解杀戮。众人品尝后，老奸巨猾的李季卿虽赞赏好茶，但因陆羽为强盗求情而大怒，用赏银侮辱陆羽，并下令斩杀强盗。陆羽悲痛欲绝，正在此时接到湖北天门来信，师父圆寂，顷刻间濒临崩溃。

第四幕：明月峡

万念俱灰的陆羽独自在明月峡中歌哭痛饮，深感生之无望，作《毁茶论》决定从此毁茶。却被赶来的李季兰夺过酒壶，言语激励。两人争论中陆羽不慎将木杖打在季兰身上，季兰也从大笑转而大哭。陆羽与李季兰分别痛哭四次，讲述了自己不幸的身世和坎坷的命运，相似的经历让两人在悲痛中惺惺相惜。陆羽在李季兰的激励下突然顿悟要通过爱茶来自爱，爱茶就是爱天地山川、家国百姓，从而领悟了茶道的内涵。正在此时李季兰突然发现茶蓬中有人，原来

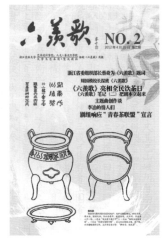

⊙《六羡歌》海报、简报

正是曾与陆羽抢水的小强盗，陆羽为了救他，将其改名"苦茶"，带回妙喜寺随自己终身事茶。

第五幕：陆氏鼎

一年之后在陆羽新居青塘别业中，茶童便了和苦茶正悄悄讨论陆羽和李季兰感情。众文人前来为陆羽道贺，告知他监制的紫笋茶已被列为贡品，陆羽也被封为太子文学，不料却被陆羽断然回绝。李季卿上场，用栋梁和花窗分别指代陆羽和常伯熊来表示对陆羽的赏识，并再传圣意请陆羽入朝为官，依旧被陆羽谢绝。陆羽言明心志，李季卿深为折服。

第六幕：繁霜月

开元寺中李季兰病中弹唱《相思怨》，一边感叹年华已老，一边期待着陆羽的到来。陆羽遂至，告诉李季兰《茶经》终于成书。二人欢聚，李季兰为陆羽作了一首诗，陆羽喜极而泣，感动不已。正在此时常伯熊前来宣旨，召李季兰入宫。李季兰狂喜，感叹自己一生的愿望终得实现，终于等到生命尽情绽放的时刻。而这一刻陆羽也终于明白两人价值观的差异，蓦然失望。二人诀别，陆羽也为李季兰作了最后一首诗。此后李季兰死于政变，而陆羽则事茶山林，与茶共老。

话剧《六羡歌》歌颂了陆羽所代表的茶人的价值观，精行俭德，不慕权贵，在沧海横流的俗世之中保持自己的姿态，这也是为了让今天的人们看到生命戒去浮躁的另一种存在。

⊙《六羡歌》主创团队合影

同时《六羡歌》也并没有扬弃李季兰的价值观，奋力追求自己的理想，成为一个理想主义的践行者，站到最高，看到最远，生命上升到最顶端，然后在绚烂之后归于平淡。客观上她为理想放弃爱情，两种价值观背道而驰，终于造成了悲剧。但那种充满了驾驭自己命运的渴望精彩绝伦，不惜毙命于乱杖之下，依旧是一道鲜红的旗帜，值得尊敬。

　　全剧是从一场辩论而起，其实这场关于爱情的辩论最终成为世界观的辩论，并且永无止境。一个将终点放在自然之上，一个则将终点放在人之中。孰优孰劣各在人心，并无定论。

　　通过话剧《六羡歌》，以舞台艺术呈现的方式回溯到中国文化最多元的时代，看一看安史之乱天下焦土的大唐，也看一看顾渚山中茶人静好的大唐。引起对茶文化更新也更深刻的解读。

第六章 茶与文学

茶历来是中国文学作品中的一个重要意象，在不同的历史时期和不同文体的作品中都有不同程度的表现。茶的精神层面与文学始终保持着一种『万变不离其宗』的密切联系，这种联系一直贯穿着中国文学的整个发展历程，从蒙昧时期的神话开始，到唐诗宋词以及明清小说的大繁荣时代，尤其是在诗歌中，『茶』与『文学』始终能够深入到人类的思想领域，展现最美的景观。

所谓茶文学，是指以茶为主题而创作的文学作品，也包含了主题不一定是茶，但是有歌咏茶或描写茶的片段，其门类包括了茶诗、茶词、茶文、茶对联、茶戏剧（剧本）、茶小说等。

茶文学之浩瀚实可另著一书，但文学是一切艺术的母体，也应作为茶艺术不可分割的一个重要而特殊的部分。

第一节 茶诗

茶诗一般可分为广义和狭义两类：广义的是指包括所有涉及到茶事的诗词；狭义的是单指主题是茶的"咏茶"诗词。这里的茶诗是一种广义的说法，包含了诗、词、歌、赋等韵文形式。

中国茶诗，始见于晋（265—420），留传至今已有一千六百年以上的历史。此后，茶诗逐渐增多，成了文学艺术的重要组成部分。自晋至清保留至今的茶事诗词，至少在万首以上。

一、茶诗的发源

中国茶诗历史悠久，作者广泛，名家辈出。从西晋至南北朝，根据文献记载，能查到的至少有五首是涉及茶的诗（赋），它们是西晋孙楚的《出歌》、左思的《娇女诗》、张载的《登成都白菟楼》、杜育的《荈赋》（属于赋的文体）和南朝宋王徽的《杂诗》，它们均被唐代陆羽收录在《茶经》中。

西晋孙楚的《出歌》是中国第一次提到茶产地的诗歌，说：

姜桂茶荈出巴蜀。

同时代"洛阳纸贵"典故的主角左思有《娇女诗》，为五言古诗，内中曰：

> 吾家有娇女，皎皎颇白皙。
>
> 小字为纨素，口齿自清历。
>
> ......
>
> 心为茶荈剧，吹嘘对鼎（铄）。
>
> 脂腻漫白袖，烟熏染阿锡。
>
> 衣被皆重地，难与沉水碧。

娇俏可爱的女儿为饮茶，迫不及待地对着鼎下的炉火使劲吹气，以至污染了白衫袖，炉烟熏黑了细布衣，怕是难以清洗干净。诗中对两位娇女的容貌举止、性格爱好描写细致传神，而饮茶对她俩的强烈诱惑及有关茶器、煮茶习俗等的描述，使该诗成为陆羽《茶经》节录中的古代最早的茶诗之一。

西晋张载的《登成都白菟楼》诗也是五言古诗。诗曰：

> 芳茶冠六清，溢味播九区。人生苟安乐，兹土聊可娱。

这也是以茶入诗的最早作品之一。该诗描述白菟楼的雄伟态势及繁荣景象、物产富饶、人才辈出的盛况，其中除赞美秋菊春鱼、果品佳肴外，还特别炫耀四川香茶是"芳茶冠六清，溢味播九区"。"六清"是供天子饮的六种饮料。"溢味"即是茶的美味四溢。"九区"为九州，泛指全国。

南朝宋王徽的《杂诗》，同样为五言古诗。诗句曰：

> 寂寂掩高门，寥寥空广厦。
>
> 待君竟不归，收颜今就槚。

陆羽《茶经》节引该诗这四句，描述的是一个女子对阵亡丈夫的哀悼和思念，只得"收颜今就槚"，以茶解百愁。这恐怕也是一首十分迷人的早期"闺怨"诗作了。

纵贯茶诗及茶诗作者，历代著名诗人、文学家大多写过茶诗。钱时霖等编的《历代茶诗集成·唐代卷·宋代卷·金代卷》中，仅唐宋金三代，就收录有茶诗 6079 首，其中唐代茶诗 665 首、宋代茶诗 5297 首、金代茶诗 117 首，三代茶诗作者共 1158 位，这是迄今为止搜集唐宋茶诗数量最为丰富的一部巨著。其实，从西晋到当代，茶诗数以万计，作者数以千计，星河灿烂，无法统计。

二、茶诗的题材

茶诗，不但数量多，而且题材广。历代众多的诗词家，从爱茶、尚茶、写茶、歌茶、吟茶，把茶事渗透进诗词。在留存下来的众多茶事诗中，涉及茶文化的各个方面。

写名茶的有王禹偁的《龙凤茶》、范仲淹的《鸠坑茶》、梅尧臣的《七宝茶》、刘秉忠的《试高丽茶》、文同的《谢人寄蒙顶茶》、苏轼的《月兔茶》、苏辙的《宋城宰韩文惠日铸茶》、于若瀛的《龙井茶》、爱新觉罗·弘历的《坐龙井上烹茶偶成》等。

写名泉的有陆龟蒙的《谢山泉》、苏轼的《求焦千之惠山泉诗》、朱熹的《唐王谷水廉》、沈周的《月夕汲虎丘第三泉煮茶坐松下清啜》、爱新觉罗·玄烨的《试中泠泉》等。

写茶具的有皮日休和陆龟蒙分别作的《茶籝》《茶灶》《茶焙》《茶鼎》《茶瓯》、秦观的《茶臼》、朱熹的《茶灶》、曹寅的《茗碗》等。

写煮茶的有白居易的《山泉煎茶有怀》、皮日休的《煮茶》、苏轼的《汲江煎茶》、陆游的《雪后煎茶》、顾清的《煮茶》、徐祯卿的《秋夜试茶》、方文的《惠泉歌》等。

写品茶的有钱起的《与赵莒茶宴》、白居易的《晚春闲居，杨工部寄诗、杨常州寄茶同到，因以长句答之》、文彦博的《和公仪湖上烹蒙顶新茶作》、刘禹锡的《尝茶》、陆游的《啜茶示儿辈》、孙一元的《试龙井》、童汉臣的《龙井试茶》等。

写制茶的有顾况的《培茶坞》、陆龟蒙的《茶舍》、蔡襄的《造茶》、梅尧臣的《答建州沈屯田寄新茶》、李郢的《茶山贡焙歌》、蔡襄的《造茶》等。

写采茶和栽茶的有姚合的《乞新茶》、张日熙的《采茶歌》、黄庭坚的《寄新茶与南禅师》、韦应物的《喜园中茶生》、杜牧的《茶山下作》、陆希声的《茗坡》、朱熹的《茶坂》、曹廷栋的《种茶子歌》、陈章的《采茶歌》等。

写颂茶的有苏东坡在《次韵曹辅寄壑源试焙新茶》中"从来佳茗似佳人"，将茶比作美女；周子充在《酬五咏》诗中，"从来佳茗如佳人"，将茶比作美食；秦少游在《茶》诗中，"若不愧杜蘅，清堪拚椒菊"，将茶比作名花；施肩吾在《蜀茶词》中，"山僧问我将何比，欲道琼浆（欲却）畏嗔"，将茶比作琼浆。此外，在陆游的《试茶》、高启的《茶轩》、高鹗的《茶》中，也都颂茶、尚茶之说。

写送茶的有陆游以同族的"茶神"陆羽自比，在《试茶》诗中称道："难从陆羽毁茶论，宁和陶潜止酒诗"，表示宁可舍酒取茶；沈辽在《德相惠新茶奉谢》诗中认为："无鱼乃尚可，非此意不厌"，则表示愿意取茶舍鱼之情。此外，在齐己的《谢人惠扇子及茶》、苏轼的《马子约送茶，作六言答之》、陆容的《送茶僧》等，都有充分反映了诗人对茶的爱好。

此外，还有很多是借茶抒发情感、抨击时事的。

三、茶诗的体裁

在众多茶事诗词中，由于诗词家匠心别具，各人的情趣各异，写作风格不一，结果使茶事诗词的体裁也变得丰富多彩，各有千秋。

1.宝塔茶诗

唐代元稹写过一首宝塔诗，题名《一字至七字诗·茶》。

这首宝塔茶诗原为一种杂体诗，它是一字句到七字句，或选两句为一韵，每句或每两句字数依次递增。全诗开头，用"香叶，嫩芽"四字来说茶的香和嫩。接着说诗人、僧侣对茶的钟爱。然后，谈到煎茶之事：用白玉碾碾茶，用红纱罗筛茶。当茶放进茶铫煎煮，以及随后泡到茶碗时，泛起黄花般"尘花"，说明此茶品质佳美，不同凡响。而对这种茶，诗人和僧侣不但要从晚吃到"夜后邀陪明月"，而且早晨要饮到"晨前命对朝霞"。这样全诗从写茶的品质开始，说到人们对茶的喜爱，茶的煎煮，直至最后谈到茶的功用"将至醉后岂堪夸"。看后，不但使人情趣横生，而且意味深长，更有新奇之感，堪称佳作。

茶。

香叶，嫩芽。

慕诗客，爱僧家。

碾雕白玉，罗织红纱。

铫煎黄蕊色，碗转曲尘花。

夜后邀陪明月，晨前命对朝霞。

洗尽古今人不倦，将至醉后岂堪夸。

2．回文茶诗

北宋大文学家苏轼，一生写过茶诗数十首，用回文写茶诗，也是茶诗一绝。在题名《记梦回文二首并叙》的"叙"中，苏轼写道：

十二月十五日，大雪始晴，梦人以雪人烹小团茶，使美人歌以余饮。梦中为作回文诗，觉而记其一句云：'乱点余花唾碧衫'，意用飞燕唾花故事也。乃续之，为二绝句云。

酡颜玉画捧纤纤，乱点金花唾碧衫。

歌咽水云凝静院，梦惊松雪落空岩。

空花落尽酒倾缸，日上山融雪涨江。

红焙浅瓯新火活，龙团小碾斗晴窗。

苏轼的这首回文茶诗，顺着读和倒着读，都成篇章，而且整首诗的含意相同。全诗充满着作者对茶的一片痴情。怪不得苏轼在"叙"中谈到自己在梦中也在饮茶作诗，也难怪苏轼在一首《试院煎茶》诗中写道："我今贫病长苦饥，分无玉碗捧蛾眉。"在作者"贫病"和"长苦饥"时，仍不忘"且学公家作茗饮，砖炉石铫行相随。"心中想的仍然是与茶"行相随"。

3. 联句茶诗

茶诗中，还有几人共作一首诗的，称为联句。联句诗虽几人共作，但要诗意联贯，相辖成章。在中国茶事联句诗中，最享盛名的茶事联句诗，就是由唐代官至吏部尚书的颜真卿，以及同时代的浙江嘉兴县尉陆士修、诗僧皎然等六人合写的《五言月夜啜茶联句》。各人的诗句是：

> 泛花邀坐客，代饮引情言（陆士修）。
> 醒酒宜华席，留僧想独园（张荐）。
> 不须攀月桂，何假树庭萱（李崿）。
> 御史秋风劲，尚书北斗尊（崔万）。
> 流华净肌骨，疏瀹涤心原（颜真卿）。
> 不似春醪醉，何辞绿菽繁（皎然）。
> 素瓷传静夜，芳气满闲轩（陆士修）。

这首咏茶联句诗，为六人合写，其中陆士修作首尾两句，合计七句。诗中说的是月夜饮茶的情景，各人别出心裁，用了与饮茶相关的一些如"泛花""醒酒""流华""疏瀹""不似春醪""素瓷""芳气"等代用词，用这种方式作成的联句茶诗，在茶诗中也是不多见的。

4. 唱和茶诗

在数以千计的茶事诗词中，晚唐皮日休和陆龟蒙两位诗人写的《茶中杂咏》唱和诗，即《茶坞》《茶人》《茶笋》《茶籝》《茶舍》《茶灶》《茶焙》《茶鼎》《茶瓯》和《煮茶》，可谓是一份十分珍贵的茶文化文献。皮日休在他的《茶中杂咏罍·序》中写道："茶之事，由周至于今，竟无纤遗矣。昔晋杜育有《荈赋》，季疵有茶歌，余缺然于怀者，谓有其具而不形于诗，亦季疵之余恨也，遂为十咏，寄天随子（即陆龟蒙）。"说他以诗的形式来表达茶事，为此写了十首五言古诗，寄给朋友陆龟蒙。

茶 坞

闲寻尧氏山，遂入深深坞。种莜已成园，栽葭宁计亩。
石注泉似搊，岩缚云如缕。好是初夏时，白花满烟雨。

茶 人

生于顾渚山，老在漫石坞。语气为茶莜，衣香是烟雾。
庭从（欐）子遮，果任獳师虏。日晚相笑归，腰间佩轻篓。

茶 笋

褎然三五寸，生必依岩洞。寒恐结红铅，暖疑销紫汞。
圆如玉轴光，脆如琼英冻。每为遇之疏，南山挂幽梦。

茶 籝

筤筹晓携去，蓦个山桑坞。开时送紫茗，负处沾清露。
歇把傍云泉，归将佳烟树。满此是生涯，黄金何足数。

茶 舍

阳崖枕白屋，几口嬉嬉活。棚上汲红泉，焙煎蒸紫蕨。
乃翁研茗后，中妇拍茶歌。相白掩柴扉，清香满山月。

茶 灶

南山茶事勤，灶起岩根旁。水煮石发气，薪然杉脂香。
青琼蒸后凝，绿髓炊来光。如何重辛苦，一一输膏粱。

茶 焙

凿彼碧岩下，恰应深二尺。泥易带云根，烧难凝石脉。

初能燥金饼，渐见干琼液。九里共杉林，相望在山侧。

茶 鼎

龙舒有良匠，铸此佳样成。立作菌蠢势，煎为潺湲声。
草屋暮云阴，松窗残雪月。此时勺复茗，野语知逾清。

茶 瓯

邢客与越人，皆能造兹器。圆如月魂堕，轻如云魄起。
枣花势旋眼，苹沫香沾齿。松下时一看，支公亦如此。

煮 茶

香泉一合乳，煎作连珠沸。时有蟹目溅，乍见鱼鳞起。
声疑松带雨，饽恐烟生翠。倘把沥中山，必无千日醉。

接到皮日休的《茶中杂咏》十首后，陆龟蒙随即作《奉和袭美茶具十咏》相和。陆氏的每首诗的题目，与皮日休相同。现按对应关系，将陆龟蒙的和诗摘录如下：

茶 坞

茗地曲隈回，野行多缭绕。向阳就中密，背涧差还少。
遥盘云髻慢，乱簇香篝小。何处好幽期，满岩春露晓。

茶 人

天赋识灵草，自然钟野姿。闲年北山下，似与东风期。
雨后探芳去，云间幽路危。唯应报春鸟，得共斯人知。

茶 笋

所孕和气深，时抽玉茗短。轻烟渐结华，嫩蕊初成管。
寻来青霭曙，欲去红云暖。秀色自难逢，倾筐不曾满。

茶 籝

金刀劈翠筠，织以波纹斜。制作自野老，携持伴山娃。
昨日斗烟粒，今朝贮绿华。争歌《调笑》曲，日暮方返家。

茶 舍

旋取山上材，架为山下屋。门因水势斜，壁任岩隈曲。
朝随鸟俱散，暮与云同宿。不惮采掇劳，只忧官未足。

茶 灶

无突抱轻岚，有烟映初旭。盈锅玉泉沸，满甑云芽熟。
奇香袭春桂，嫩色凌秋菊。炀者若我徒，年年看不足。

茶 焙

左右捣凝膏，朝昏布烟缕。方圆随样拍，次第依层取。
山谣纵高下，火候还文武。见说焙前人，时时炙花脯。

茶 鼎

新泉气味良，古铁形状丑。那堪风雪夜，更值烟霞友。
曾过頬石下，又住清溪口。且共荐皋芦，何劳倾斗酒？

茶 瓯

昔人谢堀埏，徒为妍词饰。岂如圭璧姿，又有烟岚色。
光参筠席上，韵雅金罍侧。直使于阗君，从来未尝识。

煮 茶

闲来松间坐，看煎松上雪。时于浪花里，并下蓝英末。
倾余精爽健，忽似氛埃灭。不合别观书，但宜窥玉札。

四、茶诗的影响

我国的茶诗，茶人爱读，诗人爱诵。一些经典的名作往往流传千古、脍炙人口。我国最早出现"茶道"二字的诗就是出自唐代诗僧皎然的《饮茶歌诮崔石使君》。

越人遗我剡溪茗，采得金牙爨金鼎。

素瓷雪色缥沫香，何似诸仙琼蕊浆。

一饮涤昏寐，情来朗爽满天地。

再饮清我神，忽如飞雨洒轻尘。

三饮便得道，何须苦心破烦恼。

此物清高世莫知，世人饮酒多自欺。

愁看毕卓瓮间夜，笑向陶潜篱下时。

崔侯啜之意不已，狂歌一曲惊人耳。

孰知茶道全尔真，唯有丹丘得如此。

最引人入胜的茶诗之一，要数唐代卢仝的《走笔谢孟谏议寄新茶》，又称《七碗茶歌》。诗中说由于茶味好，诗人一连饮了七碗，每饮一碗，都有一种新的感受：

日高丈五睡正浓，军将打门惊周公。

口云谏议送书信，白绢斜封三道印。

开缄宛见谏议面，手阅月团三百片。

闻道新年入山里，蛰虫惊动春风起。

天子须尝阳羡茶，百草不敢先开花。

仁风暗结珠琲瓃，先春抽出黄金芽。

摘鲜焙芳旋封裹，至精至好且不奢。

至尊之馀合王公，何事便到山人家。

柴门反关无俗客，纱帽笼头自煎吃。

碧云引风吹不断，白花浮光凝碗面。

一碗喉吻润。

二碗破孤闷。

三碗搜枯肠，惟有文字五千卷。

四碗发轻汗，平生不平事，尽向毛孔散。

五碗肌骨清，六碗通仙灵。

七碗吃不得也，唯觉两腋习习清风生。

蓬莱山，在何处？玉川子乘此清风欲归去。

山中群仙司下土，地位清高隔风雨。

安得知百万亿苍生，堕在颠崖受辛苦！

便为谏议问苍生，到头合得苏息否？

卢仝描述的各种不同的饮茶感受，对提倡饮茶产生了深远的影响。日本甚至因此而开出了茶道的七层境界。所以，自唐以后，卢仝连同他的《七碗茶歌》一起，每每为后人所传颂，卢仝亦被后人称为爱茶诗人，誉为"亚圣"。而当此美誉的真正原因还是因为诗中充满了对劳苦苍生的人文关怀。

宋代范仲淹的《和章岷从事斗茶歌》、梅尧臣的《尝茶与公议》、苏轼的《游诸佛舍，一日饮酽茶七盏，戏书勤师壁》、元代耶律楚材的《西域从王君玉乞茶，因其韵七首》等诗中，都谈到了对卢仝茶歌的推崇。

继卢仝之后，唐代诗人崔道融的《谢朱常侍寄贶蜀茶剡纸二首》："一瓯解却山中醉，便觉身轻欲上天"，认为茶可醒酒，使人轻健。宋代苏轼的《赠包安静先生茶二首》："奉赠包居士，僧房战睡魔"；陆游的《试茶》："睡魔何止退三舍，欢伯直知输一筹"，都认为茶有"破睡之功"；黄庭坚的《寄茶与南禅师》："筠焙熟茶香，能医病眼花"，认为茶可以治"眼花"。此外，历代如欧阳修的《茶歌》、陆游的《谢王彦光送茶》、刘禹锡的《西山兰若试茶歌》、高鹗的《茶》等，也都论及茶的功效。

诗魔、茶痴白居易的《山泉煎茶有怀》和《食后》都清新可爱，平易近人又意味深长。

《山泉煎茶有怀》

坐酌泠泠水，看煎瑟瑟尘。

无由持一碗，寄与爱茶人。

《食后》

食罢一觉睡，起来两瓯茶。

举头看日影，已复西南斜。

乐人惜日促，忧人厌年赊。

无忧无乐者，长短任生涯。

陆游的《临安春雨初霁》也是家喻户晓的名作。

世味年来薄似纱，谁令骑马客京华？

小楼一夜听春雨，深巷明朝卖杏花。

矮纸斜行闲作草，晴窗细乳戏分茶。

素衣莫起风尘叹，犹及清明可到家。

五、当代茶诗

当代以来，我国历史上一些著名的风云人物对茶兴亦都不浅，在诗词交往中，也多涉及茶事。1926 年，毛泽东的七律诗《和柳亚子先生》中，就有"饮茶粤海未能忘，索句渝州叶正黄"的名句。1941 年，柳亚子还在一首诗中说："云天倘许同忧国，粤海难忘共品茶。"

二十世纪六十年代诗人李瑛曾写过一首长诗《茶》，是以茶歌颂中非人民的友谊。至于当代诗人写茶的诗作已经多如星辰。

第二节 茶事小说

　　茶与小说，可分为有关茶事的小说和小说中写有茶事两种。唐代以前，小说中的茶事多在神话志怪传奇故事里出现。如东晋干宝《搜神记》中的神异故事"夏侯恺死后饮茶"，隋代以前《神异记》中的神话故事"虞洪获大茗"，南朝宋刘敬叔《异苑》中的鬼异故事"陈务妻好饮茶茗"，还有《广陵耆老传》中的神话故事"老姥卖茶"，这些名篇开了小说记叙茶事的先河。

　　自唐以后，出现了不少专门描写茶事的小说。如在明清时期，出现了许多描述茶事的话本小说和章回小说。诸如《水浒传》《金瓶梅》《西游记》《红楼梦》《聊斋志异》《三言二拍》《老残游记》等书中，都有关于茶事的描写，有的还出现了专门描写事茶的章节。蒲松龄大热天在村口铺上一张芦席，放上茶壶和茶碗，以茶会友，用茶换故事。

　　到了当代，涌现出很多专门写茶的小说，如沙汀的短篇小说《在其香居茶馆里》，刘醒龙的中篇小说《挑担茶叶上北京》，陈学昭的长篇小说《春茶》，廖琪中的中篇小说《茶仙》，颖明的传说文学《茶圣陆羽》，章士严的纪实文学《茶与血》，丁文的传记文学《陆羽大传》，邓九刚表现万里茶道的长篇小说《大盛魁》，蔡镇楚表现元末明初安化黑茶的长篇小说《世界茶王》，王少华用开封方言创作的表现中原老字号茶庄的长篇小说《王大昌》等，还有王旭烽所著的《茶人三部曲》：《南方有嘉木》《不夜之侯》《筑草为城》。

一、《金瓶梅》中的"说技"和"烹茶"

明代兰陵笑笑生的《金瓶梅》第二回"老王婆茶坊说技",王婆在她开的茶坊中"说技"撮合西门庆与潘金莲。其实,在《金瓶梅》中王婆开的茶坊,就是宋代娼家以茶为由,设桌摆椅,是专门为游手好闲、拈花惹草的公子哥儿寻欢作乐之地。这种茶坊在宋时属"水茶坊"。所以,在《金瓶梅》第四回"闹茶坊郓哥义愤"中,说的就是潘金莲与西门庆在王婆茶坊幽欢,让郓哥捉个正着,引起义愤,以致大闹茶坊。

《金瓶梅》第二十一回"吴月娘扫雪烹茶",写的是西门庆与妻妾置酒赏雪,吴月娘下得席来,叫小玉拿着茶罐,亲自扫雪,烹江南凤团雀舌芽茶与众人吃。正是:"白玉壶中翻碧浪,紫金杯内喷清香。"这种烹茶方法,在《金瓶梅》其他章回中亦有描写,时属风雅之举。为此,清人张竹坡在其旁批注,说它是"市井人吃茶",意为当时文人、商贾吃茶时的一种附庸风雅的行为罢了。

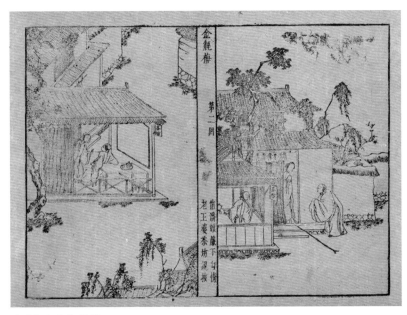

⊙《金瓶梅》插图

二、《红楼梦》中细品茶

⊙ 栊翠庵茶品梅花雪　刘旦宅　画

《红楼梦》全书写茶事有近三百处。清人曹雪芹在开卷中就说："一局输赢料不真，香销茶尽尚逡巡"，并用"香销茶尽"为荣、宁两府的衰亡埋下了伏笔。接着叙述林姑娘初到荣国府，第一次刚用罢饭，说有"各个丫鬟用小茶盘俸上茶来"，直到"老祖宗"贾母要"寿终归天"时，推开邢夫人端来的人参汤，说："不要那个，倒一盅茶来我喝。"在整个情节展开过程中，不时地谈到茶。整个小说中，说得最详尽要数第十一回"栊翠庵茶品梅花雪"，其内谈到了选茶、择水、配器和尝味。

选茶：当妙玉将茶捧与贾母。贾母道："我不吃六安茶"。妙玉笑道："知道。这是老君眉"。这一问一答，道出了贾母对茶性的熟知。古人认为，六安茶茶味浓厚，而洞庭君山银针茶，即老君眉，其味轻醇，最适合老年人品饮。而招待黛玉、宝钗和宝玉用的是"体己茶"。如此品茶，最具温馨之感。

择水：当妙玉将老君眉茶捧与贾母。"贾母接了，又问'这是什么水？'妙玉道：'这是旧年蠲的雨水。'贾母便吃了半盏"。后来，妙玉又用"梅花上的雪水"烹茶，招待黛玉、宝钗和宝玉。古人认为，雨水和雪水，是"天泉"水，又免除污染，是最好的洁净水，最宜沏茶。

配器：妙玉在用茶招待贾母一行时，按年龄、身份、性格和茶性，将茶具分成几档：

一是给众人配的是一式的"官窑脱胎填白盖碗"。

二是给贾母配的是精绝细美的名品"成窑的五彩小盖钟"。

三是给宝钗配的是上刻"王恺珍玩"，又有"宋元丰五年四月眉山苏轼见于秘府"题款的"（瓟）瓟斝"（葫芦器）；给黛玉配的是"形似钵而小的点犀（盉）"（犀牛角器）；而给宝玉配的先是绿玉斗，后又改为"九曲十环二百二十节蟠虬整雕竹根的一个大海"。已经到了超出常人想象的精美考究的地步。

尝味：饮茶有喝茶和品茶之分，前者注重物质享受，以解渴为主，渴而得茶，大口畅饮，以一饮而尽为快；后者重精神愉悦，轻啜缓咽，个中滋味，不可言传。贾母接了妙玉捧与的老君眉，"吃了半盏"，宝玉捧过妙玉递给的"体己茶""细细吃了"，这当然属于品之例。而刘姥姥接过贾母的半盏茶后，"一口吃尽"，这自然属于喝茶了。怪不得妙玉道："岂不闻一杯为品，二杯即是解渴的蠢物，三杯便是驴饮了。"

若从茶书的角度细品红楼，实在有许许多多可供解读之处。《红楼梦》全书的悲剧大主题也被作者以"太虚幻境"中的仙茶与仙酒点出，正是"千红一窟（哭），万艳同杯（悲）"。

三、《儒林外史》中的江南茶俗

清代吴敬梓《儒林外史》第十四回"蘧公孙书坊送良友，马秀才山洞遇神仙"，虽在回目中未提到茶事，但内容主要涉及的是江南茶俗。说马二先生来杭城书店选书，独自步出钱塘门，路过圣园寺，上苏堤，入净慈，七上茶亭或茶店喝茶。其时，杭州沿西湖一带，"卖茶的红炭满炉，士女游人，络绎不绝"。在吴山上，"庙门口都摆的是茶桌子。这一条街，是单卖茶的就有三十多处，十分热闹。"正当马二先生走着，"见茶铺子里一个油头粉面的女人招呼他吃茶。马二先生转头就走，到隔壁一个茶室泡了一碗茶，看见有卖的蓑衣饼，叫打了十二个钱的饼吃了，略觉有些意思。"在这一回中，吴氏对清代江南茶俗，以及杭州茶馆风貌，作了较为细致而真实的描写，却并无虚假之感。

四、《老残游记》中的"三合其美"

清代刘鹗《老残游记》第九回"申子平桃花山品茶"，说申子平去柏树峪访贤，仲屿姑娘泡茶招待远方客人，但见"送上茶来，是两个旧时茶碗，淡绿色的茶，才放在桌上，清香已经扑鼻。"申子平端起茶碗，呷了一口，觉得清爽异常，咽下喉去，觉得一直清到胃脘里，那舌根左右津津汨汨，又香又甜，

⊙《老残游记》版画"茶馆品茶"

连喝两口，似乎那香气又从口中反窜到鼻子上去，说不出来的好受。于是，申子平问道："这是什么茶叶？为何这么好吃？"仲屿姑娘答曰："茶叶也无甚出奇，不过本山上的野茶，所以味道是厚的。却亏了这水，是汲的东山顶上的泉。泉水的味，越高越美。又是用松花作柴，沙瓶煎的。三合其美，所以好了。"进而，又进一步阐明，"尊处吃的，是外间卖的茶叶，无非种茶，其味必薄；又加以水火俱不得法，味道自然差的。"仲屿姑娘的一番话，可谓一语道中的，要沏好一杯茶，必须茶、水、火"三合其美"，缺一不可。

五、《夺锦楼》中的"吃茶"配婚

清代李渔《夺锦楼》第一回"生二女连吃四家茶"，写的是明代正德初年，湖广武昌府江夏县鱼行经纪人钱小江之妻沈氏，四十岁才生下一对双胞胎千金，长得极为标致，又聪明过人，媒妁者不断上门。于是，钱小江夫妇俩各自为两女择婿，收了四姓人的聘礼，也就是连吃了"四家茶"，结果告到衙门，引发了一场官司，最终只好以"官媒"成亲了结，直落得"婆双妻反合孤鸾命"。其实，"吃茶"一词，在古代的许多场合中指的是男子婚姻之事。古人认为："种茶下数，不可移植，移植慢不复生也。"这回小说表示的是爱情"从一""至死不移"的意思，所以，凡婚姻必以茶为礼。而钱小江之妻沈氏，二女连吃了"四家茶"，自然受到谴责，要吃官司了。

六、《镜花缘》中的才女论茶

清代李汝珍《镜花缘》第六十一回"小才女亭内品茶"，写的是众才女在绿香亭品茶之事。亭子"四周都是茶树，那树高矮不等，大小不一，一色碧绿，清芳袭人。"品茗之际，才女燕紫琼引经据典，说《尔雅》《诗经》，谈《茶经》《本草》，叙述茶事源流，又说到绿香亭及四周茶树来历，还谈及家父著《茶疏》

的缘由。最后，奉劝大家，"少饮为贵""况近来真茶渐少，假茶日多，即使真茶，若贪饮无度，早晚不离，到了后来，未有不元气暗损"。这一回目，说品茶不但要茶香、水甘，还须有优雅的环境。进而旁证博古，说到茶事渊源，以及茶与健康的关系，谈到的都是说茶论理之事。

七、《茶人三部曲》

王旭烽所著的长篇小说《南方有嘉木》《不夜之侯》和《筑草为城》，合称《茶人三部曲》，其中《南方有嘉木》和《不夜之侯》荣获第五届茅盾文学奖，这是茶事文学中的最高荣誉。

全书故事是以中国茶都杭州"忘忧茶庄"历代茶人的风貌和命运为主线而展开的，从清末一直写到二十世纪"改革开放"时期。小说勾画出一部近现代和当代史上中国茶人的命运长卷，展示了中华茶文化作为中华民族精神的组成部分，在特定的历史背景下的深厚力量，富有史诗气质。中国茶文化学科的奠基人陈文华先生这样评价这部作品："这是迄今为止唯一全面深入反映茶业世家兴衰历史的鸿篇巨制"，"可以当之无愧地代表当代茶事小说的最高成就"。

《南方有嘉木》以辛亥革命前后为背景。杭州"忘忧茶庄"中主人杭九斋，是清末江南的一位茶商，风流儒雅，不善理财治业，最终死在烟花女子的烟榻上。儿子杭天醉，身上交织着颓唐与奋发的双重性，与他的亲人、爱人和朋友共同经历了辛亥革命前后的腥风血雨。他们经历了广阔的时代，以不同方式参与了国茶的兴衰。

《不夜之侯》以抗日战争为背景。杭氏家族及与他们有关的各种人在战争中经历了各自的人生。新一代的杭家儿女以茶人的方式投入了抗日救亡之中，有的在战争中牺牲，有的依然坚持着中华茶业的建设。杭嘉和作为茶世家的传人，在漫长的抗日战争中，承受了巨大劫难，却呈现出中华茶人的不朽风骨。

《筑草为城》以"文化大革命"为背景，杭家的第四、第五代在这一特殊的历史年代登上人生舞台。当时，善良与愚昧、天真与邪恶都以革命的面孔、

⊙ 笔者与《茶人三部曲》作者王旭烽及其作品合影

狂热的姿态、自觉不自觉地投入到运动之中。杭嘉和作为世纪老人，在家族蒙受巨大灾难的年代里，保持了一个中华茶人的优秀品格。杭汉等后人在备受煎熬的苦难中，从未停止过对茶人事业的追求，终于迎来了美好的时代。

　　据悉，作家王旭烽正在创作"茶人"系列的第四部长篇小说《望江南》。《望江南》是以抗日战争胜利到解放初期为背景，按时间顺序应该排在《筑草为城》之前。该作品完成后，将成为《茶人四部曲》。

茶作为一种寓意清新的题材，除了在诗词中有大量表现外，在辞赋和散文中也屡见不鲜，辞赋和散文具有表现手法灵活、语言优美的特点，在表现茶的品性上似乎更为合适。茶叶种种特征，在辞赋和散文的铺陈、描述下显得格外动人。

与茶有关的散文名篇有《大明水记》《浮槎山水记》《斗茶记》《煮茶梦记》等。与茶有关的传记有《陆文学自传》以及拟人化的《叶嘉传》。"表"这种体例也属于散文，如《为田神玉谢茶表》《代武中丞谢新茶表》《进新茶表》；"启"属于奏章之类的公文，如《谢傅尚书惠茶启》，也归入茶散文；信札涉及茶事，如刘琨的《与兄子南兖州刺史演书》常为人征引；茶之于赋，如《荈赋》《茶赋》《南有嘉茗赋》《煎茶赋》；颂，如《茶德颂》；铭，如《茶夹铭》《瓷壶铭》；檄，如《斗茶檄》，皆是有影响的茶文名篇。

一、《僮约》

早在西汉已经有散文作品描写了茶事，那就是开创了幽默风趣的"游戏文学"这一文体的大文学家王褒的《僮约》。王褒是蜀地资中人，文学创作活

一六五
第六章 茶与文学

之舍中有客提壺行酤汲水作餔音餔滌柸整桉桉食器也推南子推柸而
食桉以設飲食之具盂光舉按齊眉園中拔蒜斲蘇切脯築肉築與臛同斷也臛芋膾
魚炰鱉烹茶茶苦菜也煮以為茹盡具餔已蓋藏關門塞竇餧猪縱犬
勿與鄰里爭鬭奴但當飯豆飲水不得嗜酒欲飲美酒唯得
染脣漬口不得傾盂覆斗不得辰出夜入交關伴偶舍後有
樹當裁作船上至江州漢中都有江州縣蜀都水至此會合見蜀都賦下到煎主
蜀郡有湔道湔主湔郡之縣治也為府掾求用錢推紡惡敗欆索府掾郡之吏胥用錢廉直
也欆索所以串錢紡放字損索敗者推棄之郎綿亭買席綿亭地名其處出席往來都洛地理志廣
漢都有新都縣注章山洛水所出南至新都入湔有工官當為婦女求脂澤販於小市
膏沐之物卜市所作鈇歸都擔枲轉出旁蹉枲麻也里切蹉蚨躲枲負販出小路負岱牽犬
販放一鵝武陽買茶楊氏池中擔荷武陽地名茶茗也楊氏地產荷其莖茄其花芙

⊙《僮约》

动主要在汉宣帝时期，是中国历史上著名的辞赋家。《僮约》是他作品中最有特色的文章，记述他在四川时所亲身经历的事。公元前 59 年，即西汉神爵三年，王褒到湔上，就是今天的四川彭州市一带访友。因其人住在亡友家中，与寡妇杨惠的家奴便了发生主奴纠纷，他便为这家奴订立了一份契券，用汪洋恣肆的文笔，明确规定了奴仆必须从事的永远也做不完的劳役，以及若干项奴仆不准得到的生活待遇。内容摘要如下：

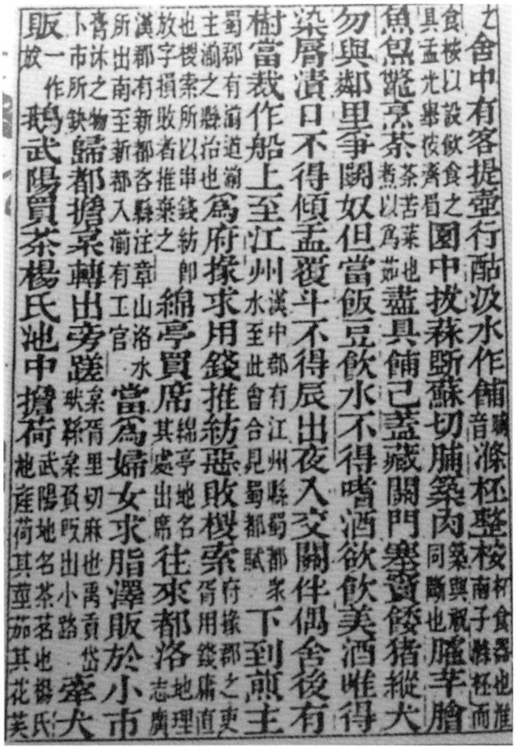

……舍中有客，提壶行酤，汲水作哺。涤杯整案，园中拔蒜，斫苏切脯。筑肉臛芋，脍鱼炰鳖，烹茶尽具，已而盖藏……绵亭买席，往来都雒，当为妇女求脂泽，贩于小市。归都担枲，转出旁蹉。牵犬贩鹅，武阳买茶……

从文体上看，《僮约》是一份奴隶与奴隶主之间的契约，实际则是一篇以契约为体例的游戏文学作品。从茶学史上看，这是一篇极其珍贵的历史资料。"烹茶尽具"，可解释为烹茶的器具必需完备，也有解释为烹茶的器具必须洗涤干净。无论如何诠释，都可推测，至少从西汉开始，饮茶已经开始有了固定的器具了。客来敬茶的习俗，亦已经从此时开始出现了。"武阳买茶"说明早在西汉饮茶已经在巴蜀地区十分普遍，并且形成了茶叶贸易集散地。

二、《荈赋》

中国历史上第一篇以茶为主题的散文开山之作，当推晋代诗人杜育的《荈赋》，意义重大，并且具有很高的文学艺术成就。赋曰：

灵山惟岳，奇产所钟。

瞻彼卷阿，实曰夕阳。

厥生荈草，弥谷被岗。

承丰壤之滋润，受甘露之霄降。

月惟初秋，农功少休。

结偶同旅，是采是求。

水则岷方之注，挹彼清流。

器择陶简，出自东隅；

酌之以匏，取式公刘。

惟兹初成，沫沈华浮。

焕如积雪，晔若春敷。

若乃淳染真辰，色绩青霜；

□□□□，白黄若虚。

调神和内，倦解慵除。

赋中涉及的范围很广，包括自茶树生长至饮用的全部过程。从"灵山惟岳"到"受甘霖之霄降"是写茶的生长环境与条件。第一次写到"弥谷被岗"的植茶规模。自"月惟初秋"到"是采是求"，是写尽管在初秋季节，茶农还是不辞辛劳地结伴采茶的情景。接着，写到煮茶所汲之水当为"清流"，所用茶具，出自"东隅"（东南地带）所产的陶瓷。当一切准备停当，烹出的茶汤则有"焕如积雪，晔若春敷"的艺术美感，第一次写到"沫沉华浮"的茶汤特点。最后，还写到了茶的保健功效及精神价值。

三、唐代茶散文《茶酒论》《茶赋》

从敦煌出土的文物中发现了一篇著名的唐代变文——王敷的《茶酒论》，记叙了茶叶和酒各自夸耀，论辩不休，最后由水出来调停的内容。全文以一问一答的方式，并且都用韵，也有对仗，读来饶有趣味。

"暂问茶之与酒，两个谁有功勋？"茶首先出来"对阵"，说自己是"百草之首，万木之花。贵之取蕊，重之摘芽。呼之敬草，号之作茶，贡五侯宅，奉帝王家，时时献人，一世荣华。"哪知酒不服气，抢白道："自古至今，茶贱酒贵，单醪投河，三军千醉。君王饮之，叫呼万岁；君臣饮之，赐卿无畏，和死定生，神明歆气。"这些拟人化的有趣对白，充满了思辨与哲理。茶和酒，无须论谁高谁低。茶人、酒客，虽都可引经据典，但须知，物各有所用，人各有所爱。

唐代诗人顾况作有《茶赋》一首，属唐代茶叶散文中的名篇，赞茶之功用：

此茶上达于天子也，滋饭蔬之精素，攻肉食之膻腻，发当暑之清吟，涤通宵之昏寐；杏树桃花之深洞，竹林草堂之古寺；乘槎海上来，飞锡云中至……

四、宋以来的茶散文

至宋，有苏轼的《叶嘉传》，以拟人方式传记体裁歌颂了茶叶的高尚品德：

叶嘉，闽人也，其先处上谷。曾祖茂先，养高不仕，好游名山。至武夷，悦之，遂家焉……

这种独特的原创体例，可谓匠心独具。黄庭坚的《煎茶赋》，善用典故，写尽茶叶的功效和煎茶的技艺：

汹汹乎如涧松之发清吹，皓皓乎如春空之行白云。宾主欲眠而同味，水茗相投而不浑。苦口利病，解涤昏，未尝一日不放箸。

元代文学家杨维桢，字廉夫，号铁崖，浙江会稽今绍兴人。他的散文《煮茶梦记》充分表现了饮茶人在茶香的熏陶中，恍惚神游的心境。如仙如道，烟霞璀灿，在他的笔下，饮茶梦境犹如仙境，给人以极大的审美享受。

而明代茶之散文佳文叠出，其中著名的有朱权的《茶谱》。《茶谱》的序就是一篇美不胜收的茶之佳文：

挺然而秀，郁然而茂，森然而列者，北园之茶也……以东山之石，击灼然之火。以南涧之水，烹北园之茶，自非吃茶汉，则当握拳布袖，莫敢伸也！本是林下一家生活，傲物玩世之事，岂白丁可共语哉？

此外，明代周履靖的《茶德颂》，明代小品文的代表人物张岱的《斗茶檄》《闵老子茶》《礼泉》《蓝雪茶》都是不可多得的佳作。明末清初冒襄怀念亡妻董小宛的佳作《影梅庵忆语》中也有关于茶的精彩描写。

清代文史学家全望祖的《十二雷茶灶赋》更是气势非凡，描写浙江四明山区的茶叶盛景，其境界浪漫灿烂，发人遐想。沈复的名作《浮生六记》中也多出表现了茶事。

而在现当代白话文的散文中，在那个群星璀璨的新文学的世界里，几乎所有的大作家都有写茶的散文。如鲁迅的《喝茶》和周作人的《喝茶》都是别具一格的美文，均具有浓重的艺术个性，由于两人的思想和生活方式的不同，在散文中出现的"茶味"也是各不相同。

汪曾祺写过诸多茶散文，细腻、散淡，透出他独有的对生活的洞悉，以及一份幽默与从容。而张承志描写的内蒙古生活，喝奶茶的心境，以及王蒙描写新疆人喝奶茶的情境，则一扫传统隐逸之气，博大雄浑，底层人民的生活和深厚感情扑面而来。香港作家董桥的名篇《中年是下午茶》也道出了人到中年的浓浓茶味。

第四节 茶民间文学

一、民间茶谣

茶谣属于民谣、民歌，为中华民族在茶事活动中对生产生活的直接感受，不但记录了茶事活动的各个方面，而且自身也构成了茶文化的重要内容。其形式简短，通俗易唱，喻意颇为深刻，是茶民间文学最重要的文学形式。茶谣的内容往往以歌唱的形式表现，在本书第二章中已有介绍。

二、民间茶传说、茶故事

我国产茶历史悠久，名茶众多，因而茶的传说故事也题材广泛，内容丰富。在关于茶的传说里，或讲其来历，或讲其特色，或讲其命名，同时与各种各样的人物、故事、古迹和自然风光交织在一起，利用茶的功效编织成情节奇特的故事，大多具有地方特色和乡土感情。如民间传说唐代雷太祖救峨眉山老和尚，老和尚用峨眉山茶种寺边，并留下一联："此身难报福恩惠，留下寺茶照山明。"遂有了浙江景宁的惠明寺和惠明茶。而杭州龙井茶更有许多故事，其中说到龙井茶为什么是扁的，正是因为乾隆皇帝把茶压在书中送到京城，这样的传说直到今天还广为流传。

三、茶联

茶联，指与茶有关的对联，是文学与书法艺术的结合。在我国，城乡各地的茶馆、茶楼、茶室、茶叶店、茶座的门庭或石柱上，茶道、茶艺、茶礼表演的厅堂墙壁上，甚至在茶人的起居室内，常可见到茶联。

茶联挂在茶馆，首先是要起到广告作用。旧时广东羊城著名的茶楼"陶陶居"，店主为了扩大影响，招揽生意，用"陶"字分别为上联和下联的开端，出重金征茶联一副，终于作成茶联一副：

陶潜喜饮，易牙喜烹，饮烹有度
陶侃惜分，夏禹惜寸，分寸无遗

这里用了四个人名，即陶潜、易牙、陶侃和夏禹；又用了四个典故，即陶潜喜饮，易牙喜烹，陶侃惜分和夏禹惜寸，不但把"陶陶"两字分别嵌于每句之首，使人看起来自然、流畅，而且还巧妙地把茶楼饮茶技艺和经营特色，恰如其分地表露出来，理所当然地受到店主和茶人的欢迎和传诵。

茶联的文学性很强，是文学审美的绝好对象，品茶识茶联，只觉静中有动，茶中有文，眼界大开。如最为人称道的名茶联：

欲把西湖比西子
从来佳茗似佳人

此联系集苏东坡《饮湖上初晴后雨》与《和曹辅寄壑源试焙新茶》诗句而成。据《杭俗遗风》记载，昔时杭州西湖藕香居茶室就曾挂此联。

四、茶回文

所谓回文，是指可以按照原文的字序倒过来读、反过来读的句子，在我国民间有许多回文趣事。茶回文当然是指与茶相关的回文了。

有一些茶杯的杯身或杯盖上有四个字："清心明目"，随便从哪个字读皆可成句："清心明目""心明目清""明目清心""目清心明"，而且这几种读法的意思都是一样的。正所谓"杯随字贵、字随杯传"，给人美的感受，增强了品茶的意境美和情趣美。

"不可一日无此君"，是一句有名的茶联，它也可以看成是一句回文，从任何一字起读皆能成句：不可一日无此君，可一日无此君不？一日无此君不可，日无此君不可一，此君不可一日无，君不可一日无此。我们把这几句横读、纵读能够得到同样的结果。

"趣言能适意，茶品可清心"，回过来读，则成为："心清可品茶，意适能言趣"。

北京"老舍茶馆"有一幅回文对联，顺读倒读妙手天成。一副是："前门大碗茶，茶碗大门前"。此联把茶馆的坐落位置、泡茶方式、经营特征都体现出来，令人叹服。另一副更绝："满座老舍客，客舍老座满"。既点出了茶馆的特色，又巧妙揉进了人们对老舍先生艺术的赞赏和热爱。

五、茶谚

谚语是流传在民间的口头文学形式，是通过一两句歌谣式朗朗上口的概括性语言，总结劳动者的生产劳动经验和他们对生产、社会的认识。唐代已出现记载饮茶茶谚的著作。唐人苏廙《十六汤品》中载：

谚曰：茶瓶用瓦，如乘折脚骏登山。

渐渐的，简短通俗的谚语成为人们流传的固定语句，在民间茶俗中，随处可见：

早晨开门七件事，柴米油盐酱醋茶。

平地有好花，高山有好茶。

酒吃头杯好，茶喝二道香。

好吃不过茶泡饭，好看不过素打扮。

早晨发露，等水烧茶；晚上烧霞，干死蛤蟆。

冷茶冷饭能吃得，冷言冷语受不得。

丰收万担，也要粗茶淡饭。

人走茶凉。

秋冬茶园挖得深，胜于拿锄挖黄金。

好茶不怕细品，好事不怕细论。

茶叶两头尖，三年两年要发颠。

要热闹开茶号。

茶叶卖到老，名字认不了。

种茶要瓜片，吃茶吃雨前。

七月锄金，八月锄银。

向阳茶树背阴杉。

茶山年年铲，松枝年年砍。

若要茶，伏里耙。

吃好茶，雨前嫩尖采谷芽。

谷雨前，嫌太早，后三天，刚刚好，再过三天变成草。

六、茶歇后语

歇后语是汉语言中一种特殊的修辞方式，生动有趣，喻意贴切，民间气息浓厚，地域性强：

> 李家碾的茶铺——各说各。
>
> 铜炊壶烧开水泡茶——好喝。
>
> 茶壶里头装汤圆——有货倒不出来。
>
> 茶壶头下挂面——难捞。
>
> 茶铺搬家——另起炉灶。
>
> 茶铺头的龙门阵——想到哪儿说到哪儿。

七、茶令与茶谜

关于茶令，南宋时大文人王十朋曾写诗说："搜我肺肠著茶令"。他对茶令的形式是这样解释的："与诸子讲茶令，每会茶，指一物为题，各具故事，不同者罚。"可见那时茶令已盛行在江南地区了。

女诗人李清照和丈夫金石学家赵明诚，是宋代著名的一对恩爱文人雅士，他们通过茶令来传递情感交流。这种茶令与酒令不大一样，赢时只准饮茶一杯，输时则不准饮。他们夫妻独特的茶令一般是问答式，以考经史典故知识为主，如某一典故出自哪一卷、册、页。赵明诚写出了一部三十卷的《金石录》，成为中国考古史上的著名人物。李清照在《金石录后序》中记叙她与赵明诚共同生活行茶令搞创作的趣事佳话：

> 余性偶强记，每饭罢，坐归来堂烹茶，指堆积书史，言某事在某书、某卷、第几页、第几行，以中否角胜负，为饮茶先后，中即举杯大笑，至茶倾覆怀中，反不得饮而起……

这样的茶令，为他们的书斋生活增添了无穷乐趣。

说到茶谜，常常是带着许多故事来的。相传古代江南一座寺庙，住着一位嗜茶如命的和尚，和寺外一爿食杂店老板是谜友，平时喜好以谜会话，忽一夜，老和尚让徒弟找店老板取一物。那店老板一见小和尚装束，头戴草帽，脚空木屐，立刻明白了，速取茶叶一包叫他带去。原来，这是一道形象生动的茶谜，头戴帽暗合"艹"，脚下穿木屐，扣合"木"字为底，中间加小和尚是"人"，组合成了一个"茶"字。

唐伯虎、祝枝山这对明代苏州风流文人之间猜茶谜的故事也很有意思。一天，祝枝山刚踏进唐伯虎的书斋，只见唐伯虎脑袋微摇，吟出谜面：

言对青山青又青，两人土上说原因，三人牵牛缺只角，草木之中有一人。

不消片刻，祝枝山就破了这道谜，得意地敲了敲茶几说："倒茶来！"唐伯虎大笑，把祝枝山推到太师椅上坐下，又示意家童上茶。原来这四个字正是："请坐，奉茶。"

最早的茶谜很可能是古代谜家撷取唐代诗人张九龄《感遇》中"草木本有心"，配制的"茶"字谜。在民间口头流传的不少茶谜中，有不少是按照茶叶的特征巧制的。如"生在山中，一色相同，泡在水里，有绿有红"。民间还有用"茶"字谜来隐喻高寿，其义是将"茶"字拆为"八十八"加上草字头（廿）为一百零八，因此，一百零八岁被称为"茶寿"。

第五节 茶与外国文学

    茶在国外文学作品中也有不少动人的描写。九世纪中叶，中国的茶叶传入日本不久，嵯峨天皇的弟弟和王就写了一首茶诗《散杯》。此后日本文学表现茶与茶道的作品蔚为大观。日本第一位获得诺贝尔文学奖的作家川端康成就深谙茶道。茶道作为最强烈的日本文化符号成为其文学作品中的重要主题。其中最杰出的代表作品《千只鹤》以及续篇《波千鸟》完全以茶道文化为背景展开创作，成为茶文学领域中不朽的经典。

    十七世纪茶叶传入欧洲后，也出现了一些茶诗。后来，西欧诗人发表了不少茶诗，内容多是对茶叶的赞美。名作家狄更斯的《匹克维克传》、女作家辛克蕾的《灵魂的治疗》中，对茶都有动人的描写。在埃斯米亚、格列夫等的作品中，提到饮茶的多至四十多次。

    英国著名女作家简·奥斯汀的不少名篇中都离不开茶，把茶席作为了重要的小说场景。如在《诺桑觉寺》中，她写道："大家坐下来吃饭时，那套精致的早餐餐具引起了凯瑟琳的注意。幸好，这都是将军亲自选择的。凯瑟琳对他的审美力表示赞赏，将军听了喜不自胜，老实承认这套餐具有些洁雅简朴，认为应该鼓励本国的制造业。他是个五味不辨的人，觉得用斯塔福德郡的茶壶沏出来的茶，和用德累斯顿或塞夫勒的茶壶沏出来的茶没什么差别。"从这段描写中我们可见英国茶文化的一斑。

俄国小说家果戈里、托尔斯泰、屠格涅夫于作品中的茶事也不亚于英国作家。"俄罗斯文学的太阳"普希金在其伟大的作品《欧根·奥涅金》中专门写到了俄国特有的茶具"茶炊",说："天色转黑,晚茶的茶炊,闪闪发光,在桌上咝咝作响,它烫热着瓷茶壶里的茶水,薄薄的水雾在四周荡漾……"而俄罗斯最重要的女诗人阿赫玛托娃则将来自中国的茶叶比作"复活之草"。

第六节 茶文学的应用

⊙《茶艺红楼梦》

茶文学作品反过来作为茶艺、茶事得以创作、表现的母体。许多经典的茶艺创意作品源自于文学。因此，特别要单列一节内容，试举一例《茶艺红楼梦》。

2010 年由浙江农林大学茶文化学院王旭烽教授团队创作的《茶艺红楼梦》，是一组表现红楼茶事的经典茶艺作品，笔者也参与其中担任了茶席设计。整套茶艺由十二席组成，在整体的色调、器用、服饰上都是结合金陵十二钗的命运与气质。

作品中宝黛真挚而凄美的爱情，感动着历代读者。以黛玉一席为例。茶是纯洁忠贯的

⊙《茶艺红楼梦》

⊙《茶艺红楼梦》黛玉茶席

象征，它代表了黛玉为爱而死；白瓷盖碗茶具，纯洁高贵，意在黛玉是"质本洁来还洁去"；花车所饰的芙蓉正是书中林黛玉所对应的花，"莫怨东风当自嗟"。

此茶席最大的特点就在于将茶、器、花、义高度统一到"高洁"二字。将茶之纯洁本性与忠贞不二的纯真爱情绝妙结合，体味《红楼梦》至善至美至真的意境。

红楼十二钗对应十二种花，十二个花桌，十二个茶席。分别为：

林黛玉——芙蓉花——碧螺春；

薛宝钗——牡丹花——龙井茶；

妙玉——梅花——禅茶；

史湘云——海棠花——祁门红茶；

贾元春——石榴花——八宝茶；

贾探春——玫瑰花——玫瑰花茶；

王熙凤——凤凰花——大红袍；

贾迎春——菱花——茉莉花茶；

贾惜春——莲花——白茶；

李纨——兰花——君山银针；

巧姐——稻花——普洱女儿茶；

秦可卿——桂花——滇红。

音乐选配的是 87 版电视剧《红楼梦》中的几个经典曲目：《红楼梦引子》《葬花吟》《晴雯曲》。

解说辞：一部《红楼梦》，满纸茶叶香，中国古典名著《红楼梦》中描写茶文化的篇幅广博，其钟鸣鼎食、诗礼簪缨之家的幽雅茶事，细节精微，蕴意深远。

天下香茗，源出巴蜀。芳茶冠六清，溢味播九区。这块神奇的土地所产之茶犹如《红楼梦》中贾宝玉颈项上系着的一块晶莹剔透的通灵宝玉，是中华茶文化的命脉所系。

一盏清茶，滋润出了红楼梦中的金陵十二钗：诗心幽情的黛玉，好高过洁的妙玉，醉卧花丛的湘云，持重冷香的宝钗，元春、探春、迎春、惜春、凤姐、李纨、可卿、巧姐，红楼女儿千红一窟，万艳同杯。宝鼎茶闲烟尚绿，幽窗棋罢指犹凉。她们都是品茶的高手，事茶的精英。她们是茶中的花女郎，她们是花中的茶仙子。且让各位在这古巴蜀的茶之圣地，钟灵毓秀的永川，伴随她们的歌声，探访她们的茶事，感慨她们的命运，品味她们的茗香。

不同的花席，不同的茶香，不同的器皿，同样的女儿心肠。

黛玉的越窑青瓷：纯洁高贵，"质本洁来还洁去"。

妙玉的龙泉粉青：色泽清冷，孤傲禅心。

宝钗的汝窑茶具：正旦青衣，含蓄沉静。

湘云的彩瓷琳琅：纯洁、轻柔，亮丽芬芳。

凤姐的洒金釉壶：华丽绚烂，机心张扬。

李纨的紫砂茶壶：最显得性情恬静温柔，质朴善良。

巧姐的青花瓷：方显得洗净铅华，耕织农庄。

可卿的粉彩瓷：花色绮丽，迷人沉香。

"元迎探惜"四姐妹，一色玻璃，明净透彻，可叹可赏。

◎《茶艺红楼梦》
宝钗茶席

◎《茶艺红楼梦》
妙玉茶席

⊙《茶艺红楼梦》妙玉茶席

不同的花席，不同的茶香，不同的器皿，同样的女儿心肠。

十二位金钗，十二袭茶服，量身订制；

十二位金钗，十二朵鲜花，与茶相配；

黛玉芙蓉花，相配碧螺春；

宝钗牡丹花，相配龙井茶；

妙玉隐梅花，相配有禅茶；

湘云海棠花，相配祁门红；

元春石榴花，相配八宝茶；

探春玫瑰花，相配玫瑰茶；

凤姐凤凰花，相配大红袍；

迎春菱花小，相配茉莉茶；

惜春莲花净，相配有白茶；

李纨幽兰花，相配君山茶；

巧姐稻米花，相配女儿茶；

可卿香桂花，相配滇红茶。

开辟鸿濛，谁为情种，都只为茶缘情浓。趁着这艳阳天、采茶日、弦歌时，试谴愉衷。因此，捧上这千红一窟的红楼茶，请各位品尝，享用……

第七章 茶与影视

1911年意大利诗人和电影先驱乔托·卡努杜发表了一篇名为《第七艺术宣言》的论著，在世界电影史上第一次宣称电影是一种表演艺术。从此，「第七艺术」就成为了电影艺术的同义词。

二十世纪以来，电影与电视早已成为了主流的文化载体与艺术形式，而茶文化这一历久弥新的题材又再次在其中释放出其独特的魅力。

第一节 茶题材电影

一、早期涉茶题材电影——《采茶女》《刘三姐》《茶童戏主》

1924 年上映的电影《采茶女》或许是中国影史上最早涉及茶的电影。电影由徐琥导演，朱瘦菊编剧，杨耐梅、王谢燕、文少华 、林雪怀主演。片长九十分钟。中国电影尚处于黑白无声片的童年时代，采茶人就已成为了银幕上的主角。

《刘三姐》是长春电影制片厂于 1961 年摄制的故事片，根据广西僮族民间传说改编。电影由苏里执导，黄婉秋、刘世龙、夏宗学等人主演，是中国大陆第一部风光音乐故事片。影片主要讲述了刘三姐用山歌反抗财主莫怀仁的故事。影片中的刘三姐就是采茶女，故事情节的展开也在广西桂林的茶山茶园之中。

由高宜兰等挖掘整理成的《茶童歌》，于 1979 年改编成戏剧电影《茶童戏主》。说的是早春，姑娘在茶山上采茶时，赣州府茶商朝奉上山买茶收债，其妻怕他不规矩，交代茶童看住他，才知朝奉本性难改，路上要船娘唱阳关小曲，茶童提醒他，又发生矛盾。上茶山后，看见漂亮姑娘二姐又起歹心，故意压低茶价催债；又瞒过茶童，要店嫂去做媒。待茶童识破后告知二姐，用对策假允婚姻，把朝奉的债约烧掉。朝奉妻子赶到时，遂锁了朝奉。

1982 年，老舍的经典话剧《茶馆》，由北京人艺的原班人马搬上了银幕，再次成为电影中的经典。

⊙ 电影《刘三姐》剧照

二、《菊花茶》

2001 年上映的电影《菊花茶》是由西安电影制片厂制作，金琛导演，陈建斌编剧，陈建斌、何涛、吴越主演。

影片讲述的是发生在西北某城市一对青年恋人的故事。青年铁路工人马建新在一次文化学习速成班上结识了患有先天性心脏病的青年女教师李卫华，马建新因失恋的创伤对爱情心灰意冷，而李卫华却因病缠身，对爱情可望不可求。俩人同为爱的归宿倍受煎熬，一个偶然的相遇，加之共同的偏好——喝菊花茶，使二人在接触中揭启了双方对爱情的企盼。直挚的友谊，纯美的爱情，终于摒弃了人生路上的障碍，他们在平凡中扬起了生活的风帆，就像杯中的杭菊一样绽放。

⊙《菊花茶》海报

⊙《绿茶》海报

三、《绿茶》

2003 年上映的《绿茶》是一部由张元导演，赵薇、姜文主演的爱情文艺电影。

影片讲述了一个散发神秘绿茶清香的都市爱情故事。女硕士吴芳不停地相亲，每次和男人约会时，她都要点一杯绿茶，她相信一个叫朗朗的女孩说的话：从一杯茶预测一个人的爱情。陈明亮觉得这都是女孩子的胡说八道，他对绿茶没有研究，但他自信对女人很有研究。他认为女人不外乎就两类：森林型和罗马型。在森林里，你看见有无数条路、无数种可能，所以在森林型女人面前，男人容易迷路；而在罗马型女人面前，男人容易迷失自己，因为你永远不知道在另外的路上，正有多少人向着同一个目标进发。

吴芳和陈明亮，带着各自对爱情的理解，各自隐蔽的爱情经历，开始了新的爱情角逐。但陈明亮很快发现，在这场角逐后面，却有另一个人决定着他们的胜负，她就是神秘的朗朗。如果两个人的世界是一个茶杯，陈明亮和吴芳是杯底的茶叶，而朗朗就是冲茶的水。水决定了茶叶旋转的方向、交缠的方式和沉浮的节奏。

该片入围鹿特丹国际电影节最佳影片"金虎奖"和法国多维利尔亚洲电影节最佳影片"金荷花奖"。

四、《茶马古道·德拉姆》

《茶马古道·德拉姆》是中国第五代导演的代表人物之一田壮壮的纪录片电影作品。创作于2004年，原计划拍摄一个系列的茶马古道纪录片电影，但最终只完成了这一部。

影片的拍摄重点位于云南、四川、西藏境内的横断山脉。它将青藏高原与云贵高原连接在一起，平均海拔为2500米以上。在这片土地上，藏族、怒族、独龙族、纳西族、傈僳族已居住了近千年。这个神奇的地区被人称之为"香格里拉"。影片要拍摄的"茶马古道"在这个神奇的地方穿行。生活在这块神奇土地内的原著民族就是电影的主人公。

片头伊始，山乡丙中洛，藏语意为"藏人的村庄"，高原平坝，地处云南西部高黎贡山脚下。沿怒江而上，可达西藏南部边界小镇察瓦龙，藏语意为"干热的河谷"。两地不通公路，从古至今，往来货物，生活用度，全赖马帮运输，其间需穿越高山、密林、荒原、谷地，路途绵延九十余公里。

茶马古道可以说是中国茶文化的重要历史遗迹。田壮壮取材于此，从古老的历史中发掘生命本身的意义。我们关注茶马古道都是大处着眼，探讨其文化传播、民族团结的意义。这部作品观察的是茶马古道上人们微观的生活细节，让我们真切地去感受那些生活在茶马古道上的人的喜怒哀乐和悲欢离合。

最难忘的场景是那个怀念过世妻子的瞎目老男人，他的眼泪始终在眼框里打转没有掉下来；那个为死去的驴子超度继而忍不住哭泣的马队男人；走过了三个世纪、历经世事的104岁怒族老太太；与哥哥共有一个女人、侃侃而谈的19岁马帮汉子；跑了老婆而黯然失神的中年村长；拒绝了身边的求婚者，想走出去看世界的青年藏族女教师；在那些苍劲、茫茫的群山之下，每一张脸都让人思索着，每一个表情都隐藏着深邃的人世之痛，而那些脸部抽动出的矛盾和不安也正是茶马古道今日所碰到的……

茶马古道上的马帮承载的是整个中华民族的品质——坚韧、勤劳，也象征着中国茶文化博大精深的思想内涵。《茶马古道·德拉姆》展现了大自然的壮美和华丽，同时也刻画了生活的平凡，符合茶文化的两极走向，但是他的包

⊙《茶马古道·德拉姆》剧照

容和哲学思考却给了茶文化元素同电影结合的创新方式：用茶马古道作为电影叙述主题，表达作者对于生活、历史、宗教、民族的理解。这部纪录片也表达了导演坚守电影文化性和个人性的立场。

作品的音乐与镜头语言等充满了独有的风格。电影场景中、镜头中人物的光线形式全是"自然"风格的处理。人物外形表现基本上是坐姿拍摄（采访）完成，很安静，对人物内心是一种平静地叙述，反映了导演的智慧和独特的处理，电影中的视觉形象极为鲜明。影片中的人物形体符合影片的叙事和整体设计，且有鲜明的特征，与马帮贩运过程中的艰辛和动荡相对应。人物的景别表现，更多地是用某一种特定的环境镜头和人物的中近景和全景的景别处理，人物处在运动和安静的不断对比之中。

而最后俯拍的长镜头显得感人无比，音乐大气低沉，天地之间有一种淡淡的悲怆，就像这个影片的气质，漫天的白雾包围了群山，如仙境一样，让人看不透茶马古道的神秘与苍凉。

五、越来越丰富的中国茶文化题材电影

随着中国茶产业的发展、茶文化的普及，越来越多以茶文化为题材的电影作品涌现出来。

2006年上映的电影《茶色生香》是由孟奇导演、富大龙和贾晓晨主演的浪漫喜剧片。该片讲述了一位到农村茶场应聘当采茶工的漂亮女大学生与回乡创业青年的爱情故事。

2008年上映的《茶恋》是由陆建光导演、张加强编剧的古装剧情片，刘旭、周博文、何清清参加演出。《茶恋》在"茶经故里"长兴实地取景拍摄，演绎了茶圣陆羽与唐代著名女诗人李季兰的动人爱情故事与人生经历。

还有表现开化龙顶茶的电影《龙顶》，表现宜兴紫砂壶的电影《壶王》，表现邯郸茶文化的《茶魂》等。

此外，大量电影中都直接表现了茶文化的场景，如《爱有来生》中的人鬼情未了式的品饮，《赤壁》中林志玲饰演的小乔煮茶，《狄仁杰之神都龙王》中异想天开的唐代明前茶等。

⊙《赤壁》小乔煮茶剧照

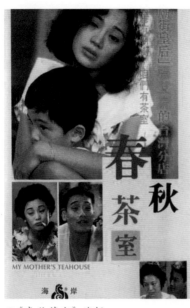

⊙《春秋茶室》海报

六、港台茶文化题材电影

1990 年中国香港电影《龙凤茶楼》上映，由潘文杰导演，莫少聪、周星驰、陈雅伦、陈加玲、吴孟达主演。影片讲述的依旧是香港电影乐此不疲的江湖兄弟、打打杀杀，但故事主要情节是在港式茶楼中发生的。此外，也可以通过此片看到周星驰早期电影中非周式喜剧的演出。

无独有偶，1988 年上映的中国台湾电影《春秋茶室》是陈坤厚执导的一部剧情片，由张艾嘉、梁家辉、李宗盛、周华健等主演。影片描写了老板娘与小叔子一起经营"春秋茶室"的故事。十几年平凡而琐碎的生活，有喜有忧，像茶的味道。

2008 年上映的电影《斗茶》是由日本与中国台湾合拍的作品，王也民导演，周渝民与户田惠梨香主演。

影片情节充满了奇思怪想——相传古代有种茶叫"黑金茶"，该茶有公母之分。宋时，醉心于母黑金茶的日本人八木宗右卫门的一句嘲弄，竟导致公黑金茶族屠杀母黑金茶族，并放火烧了茶田。到了现代，八木宗右卫门的后代八木圭，整日无所事事。女儿美希子得知父亲自暴自弃不再碰茶的缘由是世代流传至今的黑金茶诅咒，决定前往中国台湾，寻找黑金茶。她认识了杨哥，并被他俊秀的外表与和善的行为所吸引。而相信诅咒的八木圭为了救回女儿也前往中国台湾。为了解开自身家庭的亲情困顿和流传多年的家族怨怼，这四个因黑金茶而相遇的人，彼此卷进了一个大漩涡。

其实中国台湾电影的艺术成就很高，在世界影坛颇有地位，特别是杨德昌、侯孝贤这样的电影大师。侯孝贤的作品，如《海上花》（清末韩庆邦的吴语小说，后由张爱玲翻译成《海上花开》《海上花落》），其布景道具之真实细腻让人叹为观止，将晚清民国上海高级妓院"长三堂子"里的生活细细展现，饮茶场景贯穿始终，茶器之精美与真实值得电影人学习。

⊙《海上花》剧照

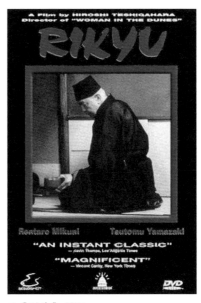

⊙《利休》剧照

七、日本茶道电影

日本是茶文化的大国，也有不少电影不同程度的表现了茶道文化。早期的电影《吟公主》中就有许多反映丰臣秀吉时代的茶道宗师千利休提倡创导"和、敬、清、寂"茶道精神的情节。

1989 年，由敕使河原宏导演了电

影《利休》，三国连太郎、山崎努主演，表现了一代茶道宗师千利休的一生。

2013年，由田中光敏执导，市川海老藏、中谷美纪主演的电影《寻访千利休》上映。全片表现了日本茶道的集大成者千利休事茶的一生。

电影讲述了千利休被丰臣秀吉责令剖腹自杀前，被妻子一番话勾起回忆而展开的故事。

遥想当年，千利休的茶道美学得到一代枭雄织田信长的赏识，并作为茶头得以近距离侍奉这位霸业匆匆的第六天魔王。"本能寺之变"后，原为织田家臣的羽柴秀吉迅速崛起，将天下纳入自家囊中，他对千利休同样予以优厚的礼遇。在此期间，千利休凭借北野大茶会等盛事被奉为"天下第一宗师"，其盛名普天皆知。然而，名利与祸从来如影随形。千利休的成就渐渐引起秀吉的嫉恨。

电影又艺术地表现了千利休重返青年时代。年轻时候的他流连花街柳巷，放荡不羁，那时他偶然邂逅美丽的高丽女子。对方绰约灵秀、超凡脱俗的容颜瞬间虏获了这个年轻人的心。在此之后，千利休师从武野绍鸥学习茶道，以此为机缘和高丽女子重逢。女子给千利休以无微不至的帮助，二人的心意渐渐相通。无奈苍茫乱世，个人命运身不由己。女子作为进贡到日本的贡品，全然没有恋爱的权利和自由。纵然情意缠绵，你侬我侬，终有分别时刻。离别的前夜，化作铭记一生的不堪回忆。也因为这样记忆而形成了日本茶道许多审美的源泉。当然这些都是电影的虚构。

《寻访千利休》摄制组在三井寺、大德寺、神护寺、南禅寺、彦根城等日本国宝级建筑物中实地拍摄。千利休本人所使用过的"黑乐茶碗"等珍贵名器不仅在片中出现，源自千利休的茶道名门三千家也协助拍摄，在片中再现了茶圣的传奇技法。

市川海老藏在接受饰演千利休的邀请后，针对茶道、相关历史书籍、茶具实物、名迹作了长达一年的准备工作。期间他还购买了千利休使用过且价值不菲的茶杓，力求身心内外最大限度与人物贴近。影片中出演千利休的茶道老师武野绍鸥的演员正是主演的父亲。

1587年11月举行的北野大茶会，会场摆设了超过1600个座位。在拍摄

⊙《寻访千利休》海报

⊙《寻访千利休》剧照

⊙《日日是好日》剧照

这一盛大场面时，剧组总共动员了 700 名临时演员。除市价数亿日元的黑乐茶碗外，另有赤乐茶碗、井户茶碗、熊川茶碗等千利休亲自摩挲把玩过的名器登场。日本茶主题的电影对茶文化的用心之细、用力之深是值得学习的。

2018 年 10 月，电影《日日是好日》在日本上映。影片由大森立嗣编导，由黑木华、树木希林、多部未华子主演。该片改编自日本茶道家森下典子的茶道修行日记作品《日日是好日：茶道带来的十五种幸福》。20 岁的女大学生典子（黑木华饰）在寻找人生的目标，却没找到，经母亲的推荐，她与表姐美智子（多部未华子饰）一起到自家附近的茶道教室学习茶道。本来没把这当回事的她，在武田老师（树木希林饰）指导下接触了茶道世界。此后的二十多年中，经历了求职困难、失恋、重要之人去世的典子在茶道中感受到生活的欢喜并获得了成长。

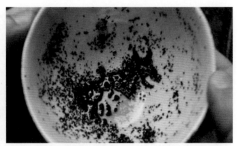

⊙《爱丽丝梦游仙境》海报　　　　　　⊙《哈利·波特》剧照

八、英国电影中的茶文化

英国电影，或者是根据英国作家的作品改编的电影往往都难以脱离英国下午茶的文化。

根据简·奥斯汀同名小说改编的电影《傲慢与偏见》《理智与情感》中都表现了英国人的饮茶风俗。

根据刘易斯·卡罗尔的儿童文学改编的电影《爱丽丝梦游仙境》中英式下午茶的茶会令人印象深刻。英国贵族赋予红茶以优雅的形象及丰富华美的品饮方式。下午茶更是一种高贵的表示。可是电影中反叛了这一固定形象。疯帽子的下午茶又脏又乱，而且根本没有所谓的礼仪。这样的颠覆有意造成一种新鲜感和戏谑感。反衬"仙境"中在红桃皇后残暴统治下的恶劣形势。虽然下午茶的美感已经破坏殆尽，但是茶具还是十分齐全，而且还是茶壶给了爱丽丝藏身之所。

《哈利·波特》系列的魔幻电影风靡了几代青少年，其中用茶渣占卜是霍格沃茨魔法学校第三年课程占卜科目内容。哈利波特的茶杯底部的茶渣显现出一个"大黑狗"的形象，代表死亡。茶叶占卜在十六世纪以后的吉普赛巫婆中流行。

《大侦探福尔摩斯》中福尔摩斯也离不开下午茶，常常边喝茶边思考问题。

九、《和墨索里尼喝茶》

1999年电影《和墨索里尼喝茶》在英国与意大利上映，是一部英国电影学院奖获奖影片，由奥斯卡影后玛吉·史密斯、雪儿，以及最佳女配角获得者朱迪·丹奇主演。由佛朗哥·泽菲雷里执导。

影片讲述的是1934年意大利弗罗里达，有一个特殊的妇女团体，被称为"天蝎"。这些侨居意大利的英国贵妇们原本在佛罗伦萨过着悠闲的上等生活，战争的到来，使得她们被迫集中到托斯卡纳中部的一个小镇。时局动荡中，老太太们依旧保持高雅，而且变得更加坚强、宽容，在纳粹企图炸毁小镇之时，她们勇敢地挺身而出，保卫这个小镇。

玛吉·史密斯凭借本片获得英国电影学院奖最佳女配角奖，打破自己在1996年创下的六次获奖记录，第七次捧起英国电影学院奖奖杯。玛吉·史密斯自1987年打破奥黛丽·赫本创下的记录至今。

这部经典的电影作品将英国下午茶的美好形式表现的淋漓尽致，茶也象征了英国人高贵不屈的精神品格。

⊙《和墨索里尼喝茶》剧照

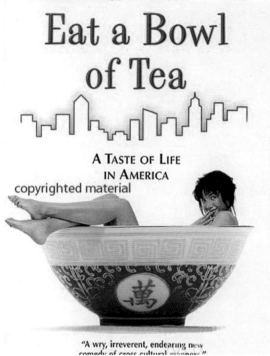

From the Director of *The Joy Luck Club* and *Maid in Manhattan*.

Eat a Bowl of Tea

A TASTE OF LIFE
IN AMERICA
copyrighted material

"A wry, irreverent, endearing new
comedy of cross cultural manners."

⊙《一碗茶》海报

十、《一碗茶》

　　影片于 1989 年在美国上映，曾志伟、沈殿霞等主演，由好莱坞华人导演
王颖执导。作品以十九世纪末的美国排华法案为背景。当时，严重的种族歧视
不仅摧残了华人社区，更给主角带来了严重的精神创伤和性功能障碍。直到影
片结尉，凭借一种来自中国的特殊茶叶的帮助，一对夫妻的正常生活才得以恢
复，"茶" 在这里具备了精神支柱和文化脐带的双重寓义。

茶题材电视剧 第二节

自电视诞生以来，电视剧就成为千家万户最为主流的文娱生活方式。以茶为题或涉及茶文化的电视剧越来越丰富。

1986 年的中国台湾电视剧《几度夕阳红》，从何慕天与李梦竹相识、相爱，直至含泪分别，主要活动也是放在山城重庆的茶馆里进行的。在 1990 年的电视剧《聊斋》"书痴"一集中，书痴与书仙结婚时，则采用以清茶代酒的情节。

一、《南方有嘉木》

1997 年王旭烽的茅盾文学奖获奖小说《南方有嘉木》被搬上了电视荧幕。由金韬、刘月导演，程前、徐帆、吴刚、赵奎娥、何冰等主演。

全剧共二十集。剧中以茶商世家三代人不同的生存方式、精神情感和理想追求为主线折射出社会的演变和进步。生于清末颓世的杭九斋，风流儒雅，却不善理财治业，浪荡无羁，最终死在烟榻之上。其子杭天醉适生帝制崩溃和民国草创的风起云涌的乱世，身上交织着奋发和颓废的矛盾情结，难以摆脱，竟也借鸦片排遣。到了杭家第三代杭嘉和、杭嘉平兄弟掌家之际，正逢土地革命战争，杭家面临着一个更广阔的时代和更复杂多变的命运。

剧中另外两个熠熠生辉的形象是杭九斋之妻林藕初和杭天醉之妻沈绿爱。婆媳两个性鲜明，嫁入杭家后成为杭家创业、守业的中流砥柱，在个人的感情世界里也是如火如茶、爱恨交织。中华茶史的兴衰，茶人的荣辱与民族时代前进中的艰难脚步，血脉相连，紧密交融，可谓三代茶人史，一脉民族魂。

时隔二十年，《南方有嘉木》将重新被搬上电视荧幕。2017年，由百越传媒、阿里影业联合出品的电视剧《南方有嘉木》启动仪式在杭州举行。总制片人朱敏怡，编剧周葵，导演俞钟，原作者王旭烽担任文学统筹，《南方有嘉木》重拍启动投资2.5亿，打造茶文化巨制。

中国是茶之故乡，电视剧《南方有嘉木》萃取"茶人、茶情、茶魂"，突出"乱世、家国、传奇"，以茶文化为背景，在苦难深重的近现代乱世中，人物命运、家国情怀、赤子忠心，徐徐展开，演绎出中华民族的人文精神、民族精神。同时更广更深的了解中国茶文化、茶精神、中国茶人的终极追求与生生不息的文化密码。

二、《茶是故乡浓》

《茶是故乡浓》是香港电视广播有限公司（TVB）制作的32集电视连续剧。由刘仕裕监制，林家栋主演。故事讲述"方家茶"乃一代名茶，可惜家道中落，其后人方有为靠务农为生，与好友汉牛、石春情同手足，三人并结义为兄弟，三人后来到宋家大茶园做工，在友情和爱情中历经波折。该剧于1999年播出时，收视不但压倒了当年的港剧巨作《创世纪》，结局篇的收视率高达91%，林家栋饰演的方有为更获得"2000年度我最喜爱的电视角色"。该剧在广西省贺州姑婆山、黄姚古镇等地取景。

三、《紫玉金砂》

2005 年播出的《紫玉金砂》是由中央电视台出品的一部四十二集古装电视连续剧，朱敏怡监制，胡雪桦执导，秦汉、印小天、何赛飞、张静初、张铎、朱敏怡等主演。该剧以一把神秘传奇的阴阳太极壶为线索，讲述了扬州潘家两代掌门人曲折坎坷的人生经历，是一部反映紫砂壶文化的优秀电视剧作品。

⊙《紫玉金砂》海报

四、《茶马古道》

2005 年播出的《茶马古道》是王文杰、孔笙执导，景宜编剧，王诗槐、刘磊、戴娇倩等主演的二十三集战争历史剧。

故事发生在 1942 年第二次世界大战期间，中国的抗日战争进入到最艰苦的阶段，缅甸沦陷，日军侵犯云南的畹町、龙陵、腾冲，滇缅公路被迫中断，由此，最后一条通往中国战区的通道也被切断，使外国援华的物资无法从缅甸运入中国。在中华民族处于危难之时，贯穿滇、川、藏直达印度出海口的茶马古道成了唯一能运送国际援华物资的地面通道。拉萨成为了中国大西南商旅云集的商业大城市。三个云南家族的主人公当国家处于危难之时，放下个人恩怨，以民族大义为重，藏族、汉族、纳西族、白族、普米族、回族、彝族各民族组成马帮商队走上了延续着他们世世代代血脉的茶马古道。

相似题材的电视剧还有 2013 年播出的《茶颂》。

五、《第一茶庄》《茶道》《铁观音传奇》等茶古装剧

2006 年播出的三十集电视连续剧《第一茶庄》由袁英明、黄英执导，秦岚、黄少祺、寇世勋主演。讲述了一位纯朴善良、天生断掌的茶女玉琦凭着自己的一片真心，从采茶女成长到一代茶母，不仅用自己的善良与聪慧得到了丈夫及家人的喜爱，更用勇敢与智慧保住了江南茶叶的经营权，没有让日本侵略者得逞。

电视剧《茶道》讲述了以两个家族为代表的湖北羊楼洞制茶业传奇故事，剧情以"川"字牌青砖茶的发展历程为载体，折射中华民族近代兴衰史，充分反映中华民族茶文化的鲜明特征。

电视剧《铁观音传奇》表现福建安溪铁观音的茶文化，将民间广为流传的关于其起源的两种传说巧妙结合起来。

此外，还有许多电视剧以茶文化为背景，如家喻户晓的《乔家大院》，就是以经营茶号的晋商故事为背景。《新安家族》以徽州茶商恩怨情仇展开剧情。

还有不少电视剧作品中表现了茶事活动，如口碑与人气都一流的电视剧《琅琊榜》，服化道都受到好评，可惜其中大量的饮茶镜头不太符合历史。

六、《温柔的慈悲》《闪亮茗天》《茗定今世缘》等茶现代剧

电视剧《温柔的慈悲》以茶的传承为背景，通过年轻一代的爱恨情仇，讲述赵氏家族在海峡两岸二十年的光阴故事。片头曲是邰正宵演唱的《茶汤》。

《闪亮茗天》讲述的是一个出身茶门的平凡女孩，在遭遇父辈仇局、同行打压、兄弟夺爱等一系列亲情、友情、爱情的考验后，成长为一流品茶师的励志故事。全剧共八十六集。这类茶文化电视剧虽然以商业价值为主，但对年轻人来说，无疑是非常好的茶文化宣传手段。

《茗定今世缘》将斗茶与商道结合，融都市情感、商战、悬疑、励志与茶文化等元素，以福建茶文化发展历程为背景，讲述了两大制茶世家天茗茶府和清远茶庄的老、中、青三代人之间的情感纠葛。

⊙《闪亮茗天》剧照

⊙《唐顿庄园》剧照

七、《唐顿庄园》

国外的电视剧中也有大量作品体现茶文化的内容。其中尤为突出的是由英国 ITV 电视台出品的时代迷你剧《唐顿庄园》。该剧由布莱恩·珀西瓦尔、詹姆斯·斯特朗联合执导，朱利安·费罗斯编剧，休·邦尼维尔、伊丽莎白·麦戈文、玛吉·史密斯、丹·史蒂文斯、米歇尔·道克瑞等领衔主演。

作品的背景设定在 1910 年代英王乔治五世在位时约克郡一个虚构的庄园——"唐顿庄园"之中。故事开始于格兰瑟姆伯爵一家由家产继承问题而引发的种种纠葛，呈现了英国上层贵族与其仆人们在森严的等级制度下的人间百态。剧中几乎每一集层出不穷的英式下午茶的茶具美轮美奂，堪称是一部英国下午茶文化的视频教材。

茶文化纪录片 第三节

一、《说茶》

1993 年，由中央电视台、中国茶叶进出口公司、上海敦煌国际文化艺术公司联合摄制的电视专题记录片《中华茶文化》是我国历史上第一部茶文化专题纪录片。内容分为"饮茶思源""茶路历程""名茶飘香""茶馆风情""茶俗志异""茶具琳琅""茶艺荟翠"和"茶寿绵延"。在中央电视台播出时改名为《说茶》。

2019 年 2 月，该纪录片的制片人高胜利女士与笔者在上海"茶于 1946"茶馆将电视台数字化采集后的这部纪录片《说茶》重新播放观看。片名由已

⊙ 已故茶界泰斗庄晚芳先生为纪录片题字

故茶界泰斗庄晚芳先生题写，每一集的开头由时任浙江农业大学茶学系主任的童启庆教授主持，由著名主持人曹可凡配音，已故茶文化学科奠基人陈文华教授作为本片的文化顾问之一。全片不仅对当时全国各地的茶文化做了大量的影像记录，还采访了茶界泰斗庄晚芳、茶叶院士陈宗懋、紫砂大师顾景舟、上海茶叶学会创始人谈家桢等一大批重要茶人，成为研究当代茶文化发展的宝贵资料。

二、《话说茶文化》

1999 年，中央电视台制作了十八集专题电视系列片《话说茶文化》。该片与著名纪录片《话说长江》作为同一系列，由著名主持人陈铎主持，著名作家王旭烽撰稿。纪录片分为：南方的嘉禾、美丽的翠叶、远古的亲和、走出丛林、浪漫的复活、边民的炊烟、有朋自远方来、生命的礼仪、东方的教化、茶圣陆羽、千年的诵唱、绿色的漫游、水之母器为父、泥土对瑞草的依恋、中国的茶馆、茶庄的文化、薪尽火传（上、下）、科技兴国十八集。在之前的基础上更加全面系统地梳理、表现了中国茶文化，是一部涉及茶与哲学、宗教、文学艺术、民俗传统、科技教育、商贸文化等诸多内容，融知识、趣味、欣赏为一体具有史料价值的优秀电视系列片。

三、《茶，一片树叶的故事》

《茶，一片树叶的故事》进一步界定了优秀茶文化纪录片的标准。它是目前茶文化在影视领域最美的收获之一。即便是在专业的纪录片领域，这也是一次全新的创作，契合了茶文化的精神本质。该片荣获纪录片"玉昆仑奖""金鹰奖"等大奖。

该片于 2013 年 11 月 18 日晚在央视一套的魅力纪录栏目首播。总导演王冲霄，总顾问姚国坤，总撰稿王旭烽，浙江农林大学茶文化学院作为全片唯一的学术支持单位。

作品站在全球化的视野上，运用跨学科的研究方法，从历史、文化、经济和国际政治角度，讲述关于茶的波澜壮阔的故事，探寻中国茶叶的世界传播之路，揭示中华文明与世界其他文明的互动关系。从"南方嘉木"这个原点出发，分成六条历经千年、绵延万里的茶叶之路，选取世界茶叶版图中六个最重要的区域为横断面。茶要串联起来的是国家、民族、历史、信仰，当然还有人的命运。一道茶，就是一种人生。

这部纪录片的叙述主体有两个，一个是"茶"，另一个是"茶人"。作品不仅讲茶，同时在叙述人类的命运。茶在审美上被"人化"了；而在纪录片《茶》中，人物们在审美上被"茶化"了。

摄制组不满足传统电视专题片那样先撰稿，根据文本拍素材，然后剪辑播出的方式。他们每个人事先阅读了三十至五十部茶文化的专业书籍，带着学院提

⊙《茶，一片树叶的故事》海报

供的版图与线索，开始去经历、寻找、挖掘茶与人生。远赴英国、美国、日本、俄罗斯、格鲁吉亚、印度、肯尼亚、泰国等国，以及几乎整个中国，将主人公的个人命运与历史、现实串联起来。其中，百分之六十以上内容取自现实故事，百分之三十为经过严格考证的历史故事，并且广涉茶地自然奇观、制茶工艺展示、古老茶艺复活、各国茶道探究、茶叶之路历险、茶叶战争传奇再现等。展示了茶人们的汗水、旅程、喜悦、哀愁、爱情、死亡、蜕变……

总导演最后自己总结了一段结语——在这场漫长茶叶之旅的终点，我们终于了解，所谓茶道，就是在我们都明知不完美的生命中，对完美的温柔试探，哪怕，只有一杯茶的时间。

《茶，一片树叶的故事》做到了画面美、语言美、音乐美、节奏美和结构美。

（1）画面美。画面细腻、不厌其精。不厌其精的背后是不厌其烦，这归功于央视这支纪录片团队的专业精神和专业技能。他们在潮州的酷暑烈日下拍潮汕工夫茶，连拍几小时，要中暑了，两桶水自己从头顶浇下去，接着拍。在新疆拍昆仑雪菊，骡马都不好下脚的地方，扛着机器一路跟拍。茶汤、嫩叶、水流、烟气，所有这些美的瞬间全都是长时间枯燥的拍摄凝结出来的。摄制组在茶文化学院采集关于"茶谣茶宴"的素材，只为了茶叶入水这一个镜头整整拍了四个小时。全片六集总共不到六个小时，摄制组实际拍摄了两千多个小时的镜头。

（2）语言美。全片的语言是诗化的。假设这部作品抽掉语言只剩画面，这部作品将不存在；如果不看画面，只听语言，那么它依然构成作品。作品由第五届茅盾文学获得者王旭烽总撰稿，其中一项工作就是创作解说词。解说词中很多句子已成为经典，如"一片树叶飘到水中，改变了水的味道，于是就有了茶。""喝茶，是简单的事；喝茶，也是复杂的事；从简单到复杂，中国人用了一千多年的时间；从复杂回归简单，同样走过了一千多年。"这样的诗化语言同时需要具备叙述性，甚至还要在美感中悄无声息地、微妙地化解掉许许多多学术上的争议。

此外，很多地方直接用片中人物自身的语言，如第一集"土地与手掌的温度"结尾处，那位布朗族老王子最后犹如启示录般的语言。虽然普通话很不标准，但真实、坚毅，余音袅袅。

（3）音乐美。《茶，一片树叶的故事》的音乐是原创的，有史诗气质，既具备了很强的抒情性，又具备了很强的叙事性，时而流畅、时而隽永、时而神秘、时而有力。一分多钟的预告片出炉的时候，音乐是最抓人的一个部分。从开始时来自原始丛林野生大茶树旁隆隆的击鼓声，转而进入繁忙瑰丽的大千世界、现实生活，最后回归心灵的悠远。

（4）节奏美。导演对作品节奏的把握往往决定了这个作品的成败。节奏是艺术作品内在的律动，很微妙，但失之毫厘差之千里。作品的节奏感把握的十分到位，往往是一中一西，一快一慢，一张一弛，一阴一阳。例如第六集"一碗茶汤见人情"，讲到广西山沟里的打工妹采完茉莉花，回到老家收玉米喂猪，平实动人。下一个镜头就立即切换到了美国，去世界上最繁华的都市寻找茶人马修了。这种节奏，让我们看到了茶文化巨大的跨度和张力，同时，中西方文化的差异，在一碗茶汤中又如此融通。

（5）结构美。结构上的深刻性和复杂度充分地体现在了这部纪录片之中。这并不仅仅是技巧，还必须是创作者的头脑与心灵内在的创作需求。

观看《茶，一片树叶的故事》这部纪录片，最好能够静下心来解读，如果只当是茶余饭后的消遣，就会在一个极其精密、复杂的整体面前措手不及。《茶，一片树叶的故事》的每一集都有精密的结构层次，如第二集"路的尽头"，第一个层面要在地理版图上讲清楚中国边疆少数民族的饮茶风貌，包括边销茶和茶马古道历史；第二个层面要讲清楚中国的"非茶之茶"，虫茶、花茶、奶茶；第三个层面，在于对茶人的描述，表现他们的命运、情感乃至信仰；第四个层面，在这一集的整个文化理念上要有一重阐释，那就是茶文化有着无限的包容性。

再如第三集"烧水煮茶的事"，第一个层面在地理上讲述的是东南亚茶文化，尤其是日本茶道；第二个层面在时间上完成了中国茶文化"唐煮、宋点、明冲泡"的纵向历史脉络；第三个层面同样要完成许多中外茶人的命运，还要有故事，可对比，帮助我们完成对国家、种族的某些思考；第四个层面，这一集的文化理念是茶文化的超越性。

而完整的六集，作为一个整体，同样有一个大结构。第一集讲中国的六大茶类，第二集辐射到了整个中国的边疆，第三集传播到了东南亚，以日本茶道为重点，第四集传播到了印度、俄罗斯与非洲，第五集传播到西方世界，以英国下午茶为重点，而第六集则全部讲茶人。从茶开始，走遍世界，由人结束。

因此，笔者与总导演交谈时也坦言，虽然我渴望看到续集，但是就这部作品目前的结构来看，除非完全另辟蹊径，否则根本无法再续。

四、《茶叶之路》

中央电视台科教频道于 2014 年播出了大型电视记录片《茶叶之路》，该片以"茶叶之路"的兴衰为历史线索，探寻湮没在历史中的中俄茶叶贸易盛况，见证中俄文化之间交流的印迹，展现中国茶文化的巨大魅力。

"茶叶之路"起源于中国南方，横贯中国的八个省区，经由蒙古国直抵俄罗斯的圣彼得堡，是中俄两国之间从十七世纪末到二十世纪初以茶叶贸易为主要内容的一条重要的国际贸易通道。"茶叶之路"的形成，不仅促进了中俄两国经济的发展，也增进了两国间的相互了解和文化交流。

第一集"帝国之门"中一组老照片，记录了十八世纪至二十世纪初一群来自中国和蒙古的商人带着来自中国南方的茶叶穿越戈壁、草原和崇山峻岭去往遥远的俄罗斯，而这组照片拍摄的正是一条当时连接中国和俄罗斯之间的繁忙商路——茶叶之路。

第二集"风起下梅"。下梅村位于中国福建省武夷山市的东部，明末清初这里曾是武夷茶外销的集散地，后来成为茶叶之路的起点。当年因茶叶贸易而繁荣，水道是下梅的命脉，数百年来这个古村与茶产生了纠缠不绝的情愫。当年的下梅茶商中，以邹氏家族最为有名，本期节目带您寻找当年和晋商一起缔造辉煌茶市的邹氏家族后人，展示邹氏几代人利用茶叶贸易、把下梅村发展为万里茶路起点的艰辛历程。

第三集"塞外驼铃"。王相卿出生于山西省太谷县，他出身贫苦，早年由于生活所迫，他便去北方的杀虎口谋生。此后，王相卿和另外两个年轻人一起开设了一家商号——吉盛堂，由于生意不是很景气，另外两个年轻人回到了家乡。王相卿凭着坚韧不拔和非凡才能让生意开始好转，他把两个同伴叫回来与他合作，并把商号改为大盛魁。第二次创业并不顺利，一个偶然的机会却让大盛魁出现了转机。

第四集"两湖茶事"。西北各民族人民最喜爱的砖茶是把茶叶压制成砖形，这是为了方便砖茶的运输，而且压制成的砖茶坚硬。第二次鸦片战争后，汉口被迫开埠，俄国人李维诺夫就是在汉口成立了顺丰砖茶厂，那时候的清政府完全把茶权给了外国人，导致中国茶商与外国茶商竞争激烈。那时候，湖南安化的黑茶成为了洋人追逐的茶品，洋人们觉得安化黑茶是最好的，晋商们和李维诺夫也把目光投入到安化，使得安化黑茶走向了世界。

第五集"双城故事"。位于今天蒙俄边境的恰克图是一个不足万人的小城，

⊙《茶叶之路》片头

两个世纪之前，这里曾是财富聚集涌流之地，被称作"沙漠威尼斯"，成为世界瞩目的商业都会。而创造这一奇迹的力量是来自中国南方的茶，恰克图与买卖城的建立，中俄商人在这里做生意。

第六集"茶路夕阳"。1868年3月，中国茶商进入到俄罗斯贝加尔湖畔的伊尔库茨克城，中国茶商用了短短一年的时间让利润翻了十倍，使得俄币大量流入中国。1867年，俄国茶商波诺马廖夫来到中国汉口，成立自己的茶叶公司，俄商们在短短时间内就垄断汉口的砖茶生产。1917年，俄国"十月革命"爆发，中俄之间的贸易彻底停止，茶叶之路也消失了，但茶却成为全人类共有的财富。

第七集"茶和天下"。茶叶之路从中国的南方开始，由南向北横贯中国，并穿越今天的蒙古国，直至俄罗斯的圣彼得堡。地域文化不同，人们喝茶的习惯和方式也有着很大的不同，种种不同的饮茶方式呈现出人和茶之间密切的关系，在茶香中寄托了各自的情感。

五、美国纪录片《中国茶：东方神药》

2017年6月11日美东南第69届电视艾美奖评选揭晓，电视纪录片《中国茶：东方神药》(Chinese Tea: Elixir of the Orient)，获得最佳专题纪录片奖、最佳编剧奖、最佳导演奖、最佳摄影奖、最佳后期制作奖、最佳灯光奖六项大奖。

该纪录片是由美国肯尼索州立大学孔子学院、汉语国际推广茶文化传播基地、浙江农林大学茶文化学院共同策划，由美国佐治亚州立电视台摄制的。笔者作为该片的制片主任也重点参与了该纪录片的策划与制作过程，并成为纪录片中的采访对象之一。

2015年3月16日，制片人金克华带队美国第二大公共电视台——佐治亚州公共电视台的摄制组深入茶文化学院的实验室、教室，采访相关的专家教授，录制课堂的教学和实践过程，开始拍摄茶文化为主题的艺术呈现。

六十分钟的纪录片，共分为五个部分：茶的起源、茶的种类、茶的养生、

⊙《中国茶：东方神药》片头

⊙ 笔者与制片人金克华先生及艾美奖奖杯合影

中国茶文化、中国茶在美国。茶文化学院之后，剧组还前往杭州、北京、潮州等地。

2016 年 4 月 26 日《中国茶：东方神药》在 GPB 电视台第八频道黄金档正式播出，纪录片呈现给观众的既有写意的茶园纪实，又不乏专业的专家采访；既有茶馆、药房中的市井百态，又有儒释道三教的茶道哲思。这部作品完全属于美国节奏，年轻、快速，视界新颖别致。

此片短时间内在美国电视平台连续播出五次，十几万美国观众收看该片。此外，还有众多美国国内外观众通过网络观看了纪录片，该纪录片还被上传到当地网络学校的官网上，作为中华文化教育的教学资源。美国社会各界均对其给予了赞誉，很快中国茶就在北美地区掀起了热潮。

　　2016年7月，制作方将电视纪录片的光盘赠送给美国前总统卡特。卡特是美国第三十九任总统，曾与邓小平会晤，对推进中美友好关系作出过重要贡献，后来还获得诺贝尔和平奖。收到纪录片的卡特总统亲自回信表示感谢，并表示要将这部纪录片作为个人收藏。

　　反映、表现茶文化的影视艺术作品层出不穷，本章只是挂一漏万的做了一点介绍，还有许许多多优秀的作品有待我们赏析。将来还会不断出现更多优秀作品。

第八章 茶席艺术

茶席艺术，是以茶文化艺术呈现为目的，综合空间、时间、感官的独立艺术。静态的茶席是空间艺术，运用中的茶席是时间艺术，欣赏茶席之美、体验品味茶香、茶色与茶汤滋味是感官艺术，三者综合才是完善的茶席艺术。茶席艺术是茶文化艺术呈现最核心、最重要的形式。茶席艺术这门学问是『茶文化艺术呈现学』最核心、最重要的内容。在茶席艺术中，功能与审美是『一叶双菩提』，必须高度结合，无论轻重，不分先后。茶席设计还是茶席艺术，取决于茶席主体（做茶席的人）的定位，把自己看成设计师还是艺术家？设计是以满足别人的需要出发，艺术则是以满足艺术家自身的追求出发。人们通过茶席艺术可以最直接的完成茶文化艺术呈现的意义。人们可以通过茶席这个形式与载体，诉诸自己的情感，协调人与自然、人与人、人与自我的关系。茶席艺术与诗歌、音乐、绘画等其他艺术形式一样，能够让人类自由地、艺术化地表达自己对世界的认识与理解。

第一节 茶席的要素

茶席艺术在空间上的构成要素分为十种：茶品、茶器、铺垫、挂画、插花、焚香、摆件、茶食、背景、茶人。

这十种要素中，茶、茶器、茶人三者是缺一不可的核心要素，只要这三者齐备就可以构成茶席。和谐的茶席艺术是茶与人、茶与器、器与人三者关系的完美融合，人的情感与思想诉诸于茶与器，达到"游于艺"的境界。

铺垫、背景、挂画三个要素其实是构成茶席垂直的两个面，作为空间艺术的营造，这三个要素很重要。插花、焚香、摆件、茶食四个要素都是在席面上的，分别是茶席上除了茶以外的"色、香、形、味"。这七种要素并非都要出现在一个茶席上，可以根据茶席主题的需要来选择。

一、茶品

茶，是茶席设计的灵魂，是茶席艺术的"语言"，如果语言不通，就难窥堂奥，更谈不上艺术中的"精微奥妙"了。中国的茶不胜枚举，世界的茶更是浩如烟海。我们无法做到每一种都认知、了解、掌握，但要对加工工艺的大类、大致的产区等有所了解，然后再条分缕析，纲举目张。此外，了解茶席中的茶也包括了解这款茶的文化内涵，如产地的文化、茶名的解读、由来与典故等。

二、茶器

"器乃茶之父"，茶器在茶席中的关键是茶器组合，茶器组合是茶席设计的基础，也是茶席构成因素的主体。任何单独的一件茶器，即便是价值连城的"名器"，单打独斗都是无法完成茶席艺术世界之统一。反之，即便所有的茶器都是触手可及的日常用品，组合得当，就能泡出好茶，呈现完美的艺术。

茶席中的茶器组合是有主次关系的，其中地位最高、统帅全局的主体茶器必须在茶席设计中得到最大程度的表现，其他茶器都要辅佐它、配合它、围

⊙ 各种款式的茶器组合

绕它展开。主体茶器也就是泡茶器,主要的款式有三种:茶壶、茶杯、盖碗。

当下,茶席设计中的茶器组合渐趋简约,上得了席面的每一件茶器都是必要的,能为茶席冲泡、演示发挥作用的,否则不取。常规茶席的茶器配置如下:

(1)煮水器。

(2)壶承。

(3)泡茶器,茶壶、盖碗等。

(4)盖置,用于搁置茶壶或盖碗的盖子。盖置一物,不要拘泥,只要能满足功能,可以自己寻找精美的物件代替。

(5)匀杯,即公道杯,用以中和茶汤浓度,方便均分茶汤。这件茶器是中国台湾二十世纪八十年代所创造,确实方便公平,但古典茶艺中有"关公巡城""韩信点兵"手法,同样可以均分茶汤。

(6)茶漏,出汤时用以过滤茶汤中的细末,茶艺精湛者不需此物,潮州工夫茶中即无此茶器。

⊙ 潘城　张雨丝　茶席作品

（7）茶盏，或称茶杯。

（8）茶船，平的即称杯垫。

（9）茶仓，又名茶藏、茶入，即茶叶罐。

（10）茶荷，又名赏茶盒，用于欣赏干茶，现在多制成"臂搁"造型。

（11）茶则。

（12）则置，用以搁置茶则，选用则置与选用盖置同理，细微之处最显得精彩。

（13）茶巾，又称洁方。材质要易吸水。

（14）水盂，古称滓方，即废水缸。水盂不是茶席上的垃圾缸，一定要保持清洁。也有茶席将水盂略去，以壶承的功能替代之。

（15）叶底盘，用以欣赏冲泡完成之后的茶叶叶底。

三、铺垫

铺垫指的是茶席整体或局部物件摆放下的铺垫物。铺垫的大小、质地、款式、色彩、花纹，应根据茶席设计的主题与立意加以选择。在视觉上，选对一块铺垫，能够有效地将整个茶席的元素统一起来。在茶席中，铺垫与各种器物之间的关系就像人与家、鱼与水的关系。

在茶席中，铺垫的作用：一是使茶席中的器物不直接触及桌面或地面，保持器物的清洁，还可以吸收冲泡过程中漏下的茶水；二是以自身的特征共同辅助器物完成茶席设计的主题。

铺垫的尺寸因功能而定，可大可小。一般而言，选用的桌面宽 80 厘米、长 120 厘米，最适合茶席的铺设。因为宽与长的比例，正好是黄金分割比，视觉上有最舒适的感受。

铺垫的材质可以分为织品类和非织品类。织品类：棉布、麻布、化纤、蜡染、印花、毛织、织棉、绸缎、手工编织等。非织品类：竹编、草杆编、树叶铺、纸铺、石铺、磁砖铺、不铺（利用桌面本身的材质与肌理）等。

⊙ 千利休设计的茶室"待庵"中的
挂轴

铺垫的形状一般分为正方形、长方形、三角形、圆形、椭圆形、几何形和不确定形。正方形和长方形，多在桌铺中使用。三角形基本用于桌面铺，正面使一角垂至桌沿下。椭圆形一般只在长方形桌铺中使用，它会突显四边的留角效果，为茶席设计增添了想象的空间。几何形易于变化，不受拘束，可随心所欲，又富于较强的个性，是善于表现现代生活题材茶席设计者的首选。

铺垫色彩的基本原则是：单色为上，碎花为次，繁花为下。铺法有平铺、对角铺、三角铺、叠铺、立体铺等。

四、挂画

挂画，又称挂轴。茶席中的挂画，是悬挂在茶席背景环境中书与画的统称。书以汉字书法为主，画以中国画为主。我国西汉出现造纸术，成为中国古代四大发明之一。人们在纸上书写文字与绘画，裱入绢布贴挂在墙上。挂轴的方式出现，则始自北宋。挂轴的展览

功效与先前的题壁一样，而且更适合于保藏。到明清，单条、中堂、屏条、对联、横披、扇面等相继出现，成为书法、绘画艺术的主要表现形式。

茶圣陆羽在《茶经·十之图》中，就曾提倡将有关茶事写成字挂在墙上，以"目击而存"，希望用"绢素或四幅或大幅，分布写之，陈诸座偶"。到宋代，茶席挂画成为中国人艺术化生活的经典场景。在日本茶道中挂轴是第一重要的道具。

可见茶席上的挂画并非是对茶席的装饰，而是茶人对书画艺术的一种修养。品茗是与书画欣赏紧密结合的。

五、插花

插花，指人们以自然界的鲜花、叶草为材料，通过艺术加工，在不同线条和造型变化中，融入一定的思想和情感而完成的花卉的再造形象。东方的插花起源于中国，后传入日本发展为花道。花道通过线条、色彩、形态和质感的和谐统一，以求达到"静、雅、美、真、和"的意境，目的在于逐步培养插花人的身心和谐，与自然、社会的和谐。当代插花也认为，插花是用心来塑造花型、用花型来传达心态的一门造型艺术，它通过对花卉的定格，表达一种意境，以体验生命的真实与灿烂。

茶席中的插花不同于一般的宫廷插花、宗教插花、文人插花和民间生活插花。茶席插花永远是一个最佳的配角，它必须与茶、茶器相得益彰，起到点亮茶席生命力的作用。

为体现茶的精神，追求崇尚自然、朴实秀雅的风格。茶席插花要求简洁、淡雅、小巧、精致。在日本茶道中这样的茶席插花被千利休称为"抛入花"。茶席插花所选的花材限制较小，山间野地、田头屋角随处可得，一般是应四季花草的生长，选择少量花材即可，也可在一般花店采购。在花器的质地上，一般以竹、木、草编、藤编和陶瓷为主，以体现原始、自然、朴实之美。

⊙《秋的私语》徐琴 花道作品　　⊙ 上海"茶于1946"香席作品

六、焚香

　　焚香，指人们将从动物和植物中获得的天然香料进行加工，使其成为各种不同的香型，并在不同的场合焚熏，以获得嗅觉上的美好享受。在茶席上点香有四个目的：一为清净身心，二为净化空气，三为欣赏香味与香器，四为改变气味达到情境的转换的目的。

　　茶席中香料的选择，应根据不同的茶席内容及表现风格来决定。但基本上以清新、淡雅的植物香料为宜。香气浓重容易喧宾夺主。

　　香器的款式不一，有香炉、香插等。在茶席中的摆放应把握以下几个原则：一是不夺香，即香炉中的香料，不要与茶道造成强烈的香味冲突。一般茶香，即便再浓，也显淡雅。生活类题材茶席，基本以选茉莉、蔷薇等淡雅的花草型香料为宜。二是不要在风大的地方焚香，香气飘散过速。茶席展示场所总有气流流动，如焚香之香气与茶香之香气处于同一气流之中，必将冲淡茶香。三是不挡眼，香炉摆放的位子，对茶席动态演示者或是观赏者来说，都需置于不挡眼的位置。

七、摆件

茶席中的摆件，若能与主体器具巧妙配合，往往会为茶席增添别样的情趣。因此，摆件的选择、摆放得当，常常会获得意想不到的效果。

摆件最忌主题与茶席整体设计的主题、风格不统一；二忌与主体茶器相冲突；三忌体积太大妨碍茶席的观赏，或者太多而淹没了茶器。

八、茶食

茶食是指专门佐茶的食品，其中以茶为原料的各类佐茶食品是现在人们关注的热点。茶食包括：水果、干果、点心、肉类等，还延伸出茶菜和茶宴。

要考虑茶食与茶的口感搭配，每一款茶都有自己的茶食。茶席上应用的茶叶分红、绿、黄、黑、白、青六大类以及各式花草茶等茶产品，不同的茶茶性不同，口感及色泽不同，要依据各个茶的特征来搭配茶食。总体上来说，红茶性暖，绿茶、白茶性寒，黄茶、黑茶、青茶性温，依据这些茶的茶性搭配茶食，更能体现以人为本的理念。冬天或者女性喝绿茶就尽量避免选择寒性食

⊙ 杭州青藤茶馆茶点

物，少用西瓜、李子、柿子、柿饼、桑葚、洋桃、无花果、猕猴桃、甘蔗等水果。红茶性暖，体质热的人就不要选择温热性的荔枝、龙眼、桃子、大枣、杨梅、核桃、杏子、橘子、樱桃、栗子、核桃、葵花子、荔枝干、桂圆等为茶食。

　　茶点、茶果盛装器的选择，无论是质地、形状还是色彩，都应服务于茶点、茶果的需要。茶点、茶果追求小巧、精致、清雅，盛装器皿也当如此。

九、背景

　　茶席的背景，是指为获得某种视觉效果，设定在茶席之后的艺术物态方式，在此特指室内背景。

　　静态的背景较为传统，一般有墙面、屏风、织品、席编、灯光、书画、纸扇等。平面装饰艺术只要与茶席相匹配，都可以展示，如油画、版画、水

⊙《游园》潘城 张雨丝 作品

彩、水粉、素面、装饰画、剪纸、刺绣、年画等。此外，还可以通过门洞、窗户、镜面等把室外的风景引入作为茶席背景，犹如园林艺术中的借景，也称为室外背景的室内化。

多媒体手段的动态背景，往往有利于茶文化的舞台艺术呈现，如茶文化学院的作品《中国茶谣》、茶艺《竹茶会》等都运用了自导、自拍的视频背景。

十、茶人

茶人永远是茶席艺术的主体，既是创造者又是欣赏者。茶席与茶人的关系体现在两者美学上的精神和气质的高度契合。茶人内在的气质、修养、学识是通过外在的礼仪、着装、谈吐等表现出来的。

陆羽《茶经》中对茶人品质的描述归纳为四个字"精行俭德"。这种品质也是茶人在面对茶席艺术时所应有的态度。"俭德"并不仅仅是俭朴、简素的德行，而是一切美德的综合，至少我们可以理解为"俭朴而高贵"的内在修养。相对于"俭德"，也决不能忽视"精行"。"精行"可以理解为将美好的内在修养呈现、表达出来的礼仪、技巧与能力。

第二节 茶席的设计语言

什么是设计呢？设计是艺术加科学，设计是美学加实用。茶席千变万化，既平面又立体，色彩搭配丰富多样。了解平面构成、色彩构成、立体构成这三大构成对茶席设计很有帮助。此外，茶席设计究竟与哪些设计门类相互交叉重叠呢？

一、茶席的平面构成

所谓构成，是一种造型概念，也是现代造型设计用语。其含义就是将不同的形态、材料重新组合成为一个新的单元，并赋予视觉化的、力学的概念。平面构成的要素是点、线、面的构成形式，当然还有图形与肌理。通过点、线、面这三种基本要素，可变化出五花八门的构成形式。

点。点是视觉元素中最小的单位。点是相对的，它是与周围的关系相比较而存在的。如在一个千人百席的大茶会上，一个茶席就是一个点；而在一方茶席上，一把茶壶或一个茶杯就是一个点。

点的形态是相对的，可分为几何形态与自然形态。在几何形态中，有方、圆、三角等形态。不同的形态在视觉上反映不同的特征与个性，如圆点给人以

⊙《文人茶案》庞颖 作品

饱和、圆满的印象；方点使人感到坚实、安定、稳重；而三角常常使人产生一种尖锐感，与圆、方相比，它带有一定的方向性。而自然形态的点则是千变万化的。

　　点有自己的特征与情感，点的大小、疏密、方向等不同的组合能展示出不同的节奏与韵律。

　　线。线是点移动的轨迹。线有长度、方向和形状，可以分直线和曲线，虚线与实线。直线使人联想到安静、秩序、坚硬、平和、单纯；曲线让人感到自由、随意、流畅、优雅。中国的绘画、书法都是线条艺术的极致。

　　线与线之间又构成了各种关系，如平行、交接、分割、组合、密集、空间等。茶席的功能分区往往就是通过这些无形的线分割的。

　　面。面是线移动轨迹的结果，有长度和宽度。面的特征是充实、稳重、整体，分为几何形态的面与自然形态的面。面积的大小、分布、空间关系在图形中起着举足轻重的作用，几乎在大部分情况下，面积的问题都左右着画面的效果。

　　这里要特别指出，一个常规的茶席，其长宽之间的比例要成"黄金分割比"（0.618 : 1）是最理想的。黄金比也同样适用于茶席内部的器物布局中。

二、茶席的色彩构成

　　色彩构成是涉及光与色的科学，有其自身的原理。了解色彩，我们首先可以运用色相环与色立体。色相环是色彩的表示系统，有十二色相、二十四色相或更多的色彩关系。这是以一种环形的方式来表示色与色之间的相接、相邻、对比、互补等关系。另一类表示系统是色立体，以三维的方式展示出各种色彩色相、明度、纯度之间的关系。这两种方式都能帮助我们有效地分辨色彩与色彩之间的关系。

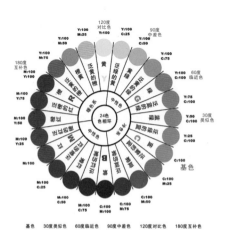

⊙ 色相环

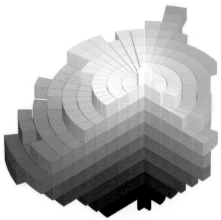

⊙ 色立体

色相环中的三原色是红、黄、蓝，彼此势均力敌，在环中形成一个等边三角形。二次色是橙、紫、绿，处在三原色之间，形成另一个等边三角形。红橙、黄橙、黄绿、蓝绿、蓝紫和红紫六色为三次色。三次色是由原色和二次色混合而成。

在色相环中每一个颜色对面（180°对角）的颜色，称为"对比色（互补色）"。把对比色放在一起，会给人强烈的视觉冲击，但究竟是排斥还是吸引要看具体情况。若混合在一起，会调出浑浊的颜色对比色的弱化效果，如红与绿、蓝与橙、黄与紫互为对比色。这几组色彩在茶席中就要比较慎重地对待。

色彩的功能是指色彩对眼睛及心理的作用，具体说，包括眼睛对它们的色相、明度、纯度、对比刺激作用，和心理留下的影响、象征意义及感情影响。

色相。即色彩的"相貌"，如大红、柠檬黄、翠绿等。在色环上我们可以明确地分辨出各种不同的色彩和它们之间的相互关系，如同类色、邻近色、对比色、互补色等。

明度。是指色彩的明暗关系，色彩越浅，明度越高，反之则明度降低。一种色彩在加白加黑或加灰的情况下的变化就是明度关系的变化。

纯度。也称为艳度，是指色彩的鲜艳程度，是色彩的"纯洁"关系。鲜艳程度又取决于每个色彩的相混程度的多少。纯度分为高纯度、中纯度、低纯度。高纯度的色彩对比关系往往体现鲜艳、饱和、强烈、个性鲜明的特征；中纯度的色彩对比关系则显得相对稳重、调和、厚重；低纯度的色彩对比关系常常沉闷、乏味，但也含蓄、神秘。

色彩的情感。色彩能够表现感情，这是一个无可辩驳的事实。大部分人都认为色彩的情感表现是靠人的联想而得到的。根据这一联想说，红色之所以具有刺激性，那是因为它能使人联想到火焰、流血和革命；绿色的表现性则来自于它所唤起的对大自然的清新感觉；蓝色的表现性来自于它使人想到水的冰凉。

某些实验曾经证实了肉体对色彩的反应，例如弗艾雷就在实验中发现，在彩色灯光的照射下，肌肉的弹力能够加大，血液循环能够加快，其增加的程度，以蓝色为最小，并依次按照绿色、黄色、橘黄色、红色的排列顺序逐渐增大。这些都有助于我们了解，创作茶席作品时的色彩是为了让喝茶的人更平静

⊙ 寒冷视觉调性的茶席　　　　　　　　　⊙ 华丽的黄金色茶席

还是更激动。选择怎样的色彩，使色彩的表现力、视觉作用及心理影响最充分地发挥出来，给人的眼睛与心灵以充分的愉快、刺激和美的享受。对于茶席设计来说，我们更多关注的是各种色彩的调性，也可以说是色彩的文化。

但是，研究茶席艺术的色彩，不可一味地致力于研究与各种不同色彩相对应的不同情调和概括它们在各种不同的文化环境中的不同象征意义。因为，色彩的表现作用太直接、自发性太强，以致于不可能把它归结为理性认识的产物。

色彩的组合。在茶席设计的色彩构成问题上，除了重视色彩的情感、调性以外还要懂色面积的配比。色彩世界丰富多彩，即使掌握了色彩的调性还要注重色彩面积的分布关系。特别在茶席铺垫的运用中往往要会进行色彩分割、重组，经营好几种颜色的面积大小。

⊙ 温暖视觉调性的茶席　孔燕婷作品

三、茶席的立体构成

　　茶席以实体占有空间、限定空间，并与空间一同构成新的环境、新的视觉产物。既然共属于"空间艺术"，那么无论各自的表现形式如何，它们必有共通的规律可循。

　　体积是三维形态最基本的体现形式，它由长度、宽度与高度三个要素组成。一个茶席是由点、线、面、体构成，它们的形态是相对的，它们之间的结合可以生成无穷无尽的新形态。所谓形态结构，即是指形体各部分之间衔接、组合关系。

　　立体是有性格的，直线系立体具有直线的性格，如刚直、强硬、明朗、

○ 2016 全国茶艺大赛中的茶席作品(这是一个明显的立体构成茶席，运用了力感的体现)

爽快，具有男子气概；曲线系立体具有曲线的性格，如柔和、秀丽、变化丰富，含蓄和活泼兼而有之；中间系立体的性格介于直线系立体和曲线系立体之间，表现出的性格特点更丰富，更耐人寻味。

在茶席艺术中，光线所能产生的空间效果是绝对不容忽视的要点。当我们感知到阴影时，就意味着我们已经把视觉对象的样式分离成了两层。阴影放置在稍微不同的环境中，就可以变成对立体和深度知觉的决定性因素。黑暗在人的眼睛里并不是光明的缺席，而确确实实是一种独立存在的实体。也就是说，茶席上的阴影也是一种物质，一件茶器的投影在视觉中是一件新的茶器。

⊙ 浙江农林大学茶文化学院 茶艺课
程中学生利用光影创作的一组茶
席作品
（作者：施鹏跃、方悦、潘一涵、
梁颖朝、马国海、王康、束任天、
毛江雷）

四、茶席与各种设计艺术的关联

要成为一位优秀的茶席设计师或者茶席艺术家，除了对茶叶、茶具等茶文化知识有深入学习之外，必须在设计艺术的领域加以拓展。茶席已经与各种艺术设计的领域发生着密切的关系：装置艺术、行为艺术、观念艺术、图案与装饰设计、室内设计、陈设设计、产品设计、建筑设计、景观设计、展陈设计、服饰与配饰设计、工艺美术、光艺术与水艺术、数字媒体设计等。

⊙ 石振宇茶道境界作品

⊙《寻根》 李当岐茶道境界作品

⊙ 林学明茶道境界作品

茶席的主题及表现 第三节

在一件茶席艺术品中，每一个组成部分都是为表现主题思想服务的，因为存在的本质最终是由主题表现出来的。因此，"主题"与"表现"就成为了茶席艺术的两个关键词。

一、茶席的主题

茶席的主题，特别是茶席主题的深度，往往是茶席作为一门艺术的标志。茶席往往以茶品为题材，以茶事为题材，以茶人为题材，有的也可以一首诗或一幅画为题，甚至是某种感觉。茶席既然是艺术的一种，而艺术可以表现的主题自然是包罗万象的。只是不同的艺术手段发挥的长处不尽相同，如杂文、戏剧或者当代艺术往往适合于批判、讽刺、揭露，而茶席艺术的主题多与茶性的平和清净保持内在节奏的一致，正如《大观茶论》总结出茶文化的审美是"致清导和"。因此，茶席艺术的主题总体上是表现真、善、美的，是慰藉心灵的，最多是提醒人们反思。

2011年秋茶时节，笔者为表现昆曲艺术而创作了一组茶席《当昆曲遇见茶》。当昆曲遇见茶，上下五千年茶文化，品出婉转六百年昆曲水磨腔调，昆

⊙《当昆曲遇见茶》之《红梨记·亭会·桂枝香》茶席

曲之美与茶共通。欣赏几折昆曲，品味的香茗则是昆曲故乡苏州的碧螺春。

昆曲与茶，自古便有着不解之缘。"烧将玉井峰前水，来试桃溪雨后茶。"这是汤显祖《竹院烹茶》中的名句，从中可见这位"东方的莎士比亚"在成就了昆曲《牡丹亭》之余，对于茶也有特别的喜爱。

昆曲的音乐属于"曲牌体"。它所使用的曲牌有数千种之多。曲牌是昆曲中最基本的演唱单位，昆曲的曲牌体最严谨。故而此次茶会精心选取了六个曲牌欣赏。最后一曲是《红梨记·亭会·桂枝香》。

《红梨记》乃明代徐复祚所作。《亭会》是《红梨记》中最著名的一折。写名妓谢素秋深慕才子赵汝舟，假托为太守之女，夜赴赵的住处，欲与之相会。赵汝舟酒后闻得女子吟诗之声，寻觅而至。遇一绝色女子立于亭边，月光之下，恍若天仙，一见倾倒。

此席是唯一的男小生风貌，一把折扇正是赵汝州手中之物。所用青瓷茶器有月下的清冷之感，正是"夜阑人不寐，月影照梨花。"那潮水纹的绣片也预示着男主角将要金榜题名的好运。瓷板上的一对缸杯也象征赵谢二人的圆满姻缘。所冲泡的茶品为月光白。

二、茶席文案撰写

茶席的主题与表现往往要借助茶席文案的撰写。在茶席的创作中大家往往忽视了文案，实则这是至关重要的创作步骤。茶席文案一般包括三个部分内容：

（1）设计方案。茶席的整体设置，包括演示的程序，类似一个设计的方案和舞台剧的脚本。

（2）台签文案。包括茶席的作者、茶品、茶器、主题。这是对茶席的基本说明文字，即使是静态的展示，观众也可以通过台签了解这个茶席的基本情况。

（3）解说词。茶席在动态呈现的过程中往往需要文学性的解说词。解说词不仅要把内容解说清晰到位，还要注意言辞优美，富有文学性甚至是充满诗意。对外交流时要考虑解说词的翻译。

三、茶席的艺术表现

茶席作为静态物象的语言往往要通过茶艺得以表现出来，动静结合，空间艺术与时间艺术结合。茶艺作为茶文化的一门课程，堪称显学，有其各色流派发展而来的合理或不合理的诸般理论与实践，在此并不赘述。

且以笔者曾经创作的一个茶席作品《小径分岔的花园》作为案例赏析。这个茶席作品是以"诗意"的风格对一部同名文学作品的解读来表现茶席艺术的。

二十世纪三十年代，法国出现了一种电影艺术的流派，被称为诗意现实主义，代表人物是法国印象派大画家雷诺阿的儿子让·雷诺阿。这些作品往往以诗意的对话，引人入胜的视觉影象，透彻的社会分析，复杂的结构，丰富多彩的哲理暗示，以及机智与魅力构成一个复杂的、细腻的混合体，表现出法国电影在思想上的成熟。这里并不是要讲电影，而是想说明，每一种艺术形式都可以发展出诗化的风格。

文学在一切艺术中占首要地位，原因是艺术都要具备诗意。"诗"（poetry）这个词在西文里和艺术（art）一样，本义是"制造"和"创作"，所以黑格尔认为诗是最高的艺术，是一切门类艺术的共同要素。苏轼曾评论王维的诗和画是"画中有诗，诗中有画"，苏轼本人也是如此。

笔者对茶席艺术的一点心得，是将茶空间（茶席）建立在茶文化艺术呈现学的观念上，以诗意的艺术语言来完成表达。

（1）构思：本茶席创作的缘由是为在杭州召开的 20 国领导人峰会（G20）茶席展中的阿根廷而设计的。用茶席艺术表达一种由文学建立的人类情感与思想的同构，向阿根廷最伟大的作家，也是世界文坛公认的文学大师博尔赫斯致敬。豪尔赫·路易斯·博尔赫斯（1899—1986），是阿根廷诗人、小说家、翻译家，《小径分岔的花园》是其 1944 年创作的短篇小说，也是其最有代表性的作品。

（2）茶品：西湖龙井、玫瑰花、茉莉花、黄菊花、柠檬，自由组合。

（3）器具：镜子，半透明玻璃大碗，玻璃公道杯 3～5 个，玻璃茶盏 5～7 个，青瓷水壶，勺，茶巾，茶漏。

（4）插花：抛洒的花朵，红色、粉色花朵，茶花、海棠、樱花、梨花、桂花、康乃馨皆可，如遇木棉花最佳，木棉是阿根廷国花，花色鲜红如血。

（5）音乐：吉纳斯特拉《阿根廷舞曲》。吉纳斯特拉（1916—1983），阿根廷音乐家，是与博尔赫斯同时代的人物。他的创作从早期的客观民族主义到中期的主观民族主义，再到晚期的新古典主义与表现主义的融合。虽然每一时期都有其特殊手法，但概括地说，吉纳斯特拉会在其作品中运用极富色彩性的乐句及具有能量的民族主义风格，并且经常使用高卓及印第安地区的民族音乐。

（6）作品解读：

其一，时间与空间。

博尔赫斯采用时间和空间的轮回与停顿、梦境和现实的转换、幻想和真实之间的界限连通、死亡和生命的共时存在、象征和符号的神秘暗示等手法。

"时间"不仅是博尔赫斯小说的一个重要题材，也是他最常用的一个手法。与人们通常理解的时间不同，博尔赫斯发明了一种"时间的分岔"：如果时间可以像空间那样在一个个节点上开岔，就会诞生"一张各种时间互相接近、相交或长期不相干的网"。

⊙ 茶席《小径分岔的花园》　潘城作品

作为一生致力于文学和秩序的迷宫缔造者，博尔赫斯知道，没有什么是坚于磐石的，一切皆在流沙之上。但我们的责任就是建造，仿佛磐石就是流沙。

茶席是建立在这样的时空秩序上的一次再现。

其二，照见自我。

一直希望做一个人"进入"茶席的作品。镜面席地而设，茶主人泡茶，茶客人喝茶，都能够照见自己的形象。可以理解为一种通过茶的行动对心灵的观照、自省，完成在一种特殊时间和空间中对自我的突然认识。这与禅宗通过茶的修行法门有共通性。如果更有勇气，就应该把茶席上的所有镜面都击碎，那样，就会出现无数个"自我"或外物的镜像，表现一个更加多维度的时间与空间。另外，吉纳斯特拉时而怪异，时而抒情的《阿根廷舞曲》也会帮助茶人思考。至于茶汤的滋味、香气，同样也是一个未知数，由西湖龙井作为茶世界的主人，可以随意调配各种花茶茶汤品饮。"感官像鲜花般绽放"。

其三，诗的意象。

花园、谜语、时间、迷宫、镜子是博尔赫斯作品不朽的意象。这样的意象是诗的意象，也成为茶席设计的意象。

在茶席设计的教学过程中，我们不断自问自答，原来茶席可以这样被展示吗？它的疆域究竟在哪里？它真的可以脱离原本具有的物质功能内涵而完全进入精神，成为茶领域中独立存在的文化符号吗？这个答案就在茶席作为一门艺术所应具有的表现性中。

当我们认识到，艺术的能动性象征着某种人类命运时，表现性就会呈现出一种更为深刻的意义。而且，在涉及到任何一件茶席艺术品时，我们也都会不可避免地涉及到这种深刻意义。

第九章 茶器艺术

「器乃茶之父」，茶器是讲不完的话题。欣赏、鉴别、选择茶器必须兼顾实用性和艺术性。茶器的质地、造型、大小、色彩以及文化内涵等方面，要综合来看。特别是茶器的质地，紫砂、瓷器、竹木都是茶人偏爱的，这些材质不仅生态环保，有利于健康，而且具备了深厚的文化品位。茶器特别提倡永久性，故在日本茶道中有「名物」之称。一件茶器原本并不名贵，但通过一代代茶人的品味与珍爱，成为经历岁月的无价之宝。这种俭朴而高贵的精神正是茶人的理念。

一、鉴赏茶器的材质

不同材质的茶器具备不同的特性与功能，也会表达不同内涵与美感，所以要因材选器。

1. 金属茶器

金属茶器是指由金、银、铜、铁、锡等金属材料制作而成的器具，是我国最古老的日用器具之一。

自秦汉至六朝，茶叶作为饮料已渐成风尚，茶器也逐渐从与其他饮具共享中分离出来。大约到南北朝时，我国出现了包括饮茶器皿在内的金银器具。到隋唐时，金银器具的制作达到高峰。

二十世纪八十年代中期，陕西扶风法门寺出土的一套由唐僖宗供奉的鎏金茶器，可谓是金属茶器中罕见的稀世珍宝。无独有偶，日本丰臣秀吉为了炫耀自己的国力，曾打造一个黄金茶室，其中的一应茶器均为黄金制成，奢华至极，引起了大茶人千利休的反感。当代，金壶、银壶开始问世，尤其银壶、银盏大行其道。

铁壶的外形古朴厚重，受到很多茶人的喜爱。早期的铁壶，冶金水平低下，使得铁质内保留了部分铁磁性氧化物，从而使早期的铸铁壶，具备了一定程度的水质软化效果。老铁壶在茶席上，确实能产生肃穆沉静的感觉，因此日本回流的老铁壶就成为近年来炙手可热的茶器。

阿庆嫂唱："垒起七星灶，铜壶煮三江"。铜壶煮水泡茶是明清遍布民间的器用。铜对水还有杀菌抑菌的作用，之所以如今少有用铜壶还是怕铜有腥味会破坏水的甘甜。

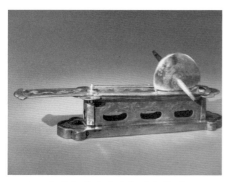

⊙ 法门寺地宫出土唐代银鎏金茶碾

⊙ 五代吴越国银鎏金茶盖托

　　金、银、铜、铁、锡，价格依次递减，锡最廉价，最低调，熔点低，最谦逊，无气味，但古人称锡为"五金之母"。最简朴的反而最高贵，"格"最高，与茶性最合。

　　锡器是一种古老的手工艺品，我国古代人们就已懂得在井底放上锡板净化水质，皇宫里也常用锡制器皿盛装御酒。锡器能被作为茶器，缘于其自身的一些优秀特性。锡对人体无害，锡制茶叶罐密封性好，可长期保持茶叶的色泽和芳香，贮茶味不变，除了具有优美的金属色泽外，还具有良好的延展性和加工性能，用锡制作的各种器皿和艺术饰品能使得锡制工艺品栩栩如生。

　　古人贮藏茶叶多以罐贮为主，除传统的陶罐、瓷罐、漆盒外，尤以锡罐为最好。明代浙人屠隆的《茶笺》中对锡器贮茶记录说："近有以夹口锡器贮茶者，更燥更密，盖磁坛犹有微罅透风，不如锡者坚固也"。指出以锡代磁，贮茶效果更好。清人刘献庭在《广阳杂记》中则有这样的记载："余谓水与茶之性最相宜，锡瓶贮茶叶，香气不散。"清人周亮工在《闽小记》中说："闽人以粗瓷胆瓶贮茶，近鼓山支提新名出，一时学新安（徽州），制为方圆锡具，遂觉神采奕奕"。周亮工还有诗句称："学得新安方锡罐，松萝小款恰相宜""却羡钱家兄弟贵，新御近日带松萝"。这说明不仅仅是徽州的松萝茶声名远播，其炒青制作技术和包装茶叶的锡罐也受到了各地的欢迎和青睐。

清代茶业兴盛时，安徽屯溪从事锡罐业制造的有九家，工人超过 200 人，每年可制锡罐 25 万只以上。一个县治下的屯溪小镇竟有着 200 余人从事锡罐的加工制作，足见当年茶叶出口的昌盛。而在十七世纪的印尼爪哇，其时进口的茶全是中国茶，而箱系用木制，内衬以铅皮或锡皮，每箱可装茶 100 磅。

1984 年，瑞典打捞出 1745 年 9 月 12 日触礁沉没的"哥德堡号"商船，从船中清理出被泥淖封埋了 240 年的一批瓷器和 370 吨乾隆时期的茶叶。少数茶叶由于锡罐封装严密未受水浸变质，冲泡饮用时香气仍在。

2. 瓷茶器

瓷茶器的品种很多，其中主要有青瓷茶器、白瓷茶器、黑瓷茶器和彩瓷器。这些茶器在我国茶文化发展史上，都曾有过辉煌的一页。

青瓷茶器以浙江生产的质量最好。这种茶器除了具有瓷器茶器的众多优点外，因色泽青翠，用来冲泡绿茶，更有益汤色之美。早在东汉年间，已开始生产色泽纯正、透明发光的青瓷。晋代浙江的越窑、婺窑、瓯窑已具相当规模。宋代，作为当时五大名窑之一的浙江龙泉哥窑生产的青瓷茶器，已达到鼎盛时期，远销各地。明代，青瓷茶器更以其质地细腻、造型端庄、釉色青莹、纹样雅丽而蜚声中外。十六世纪末，龙泉青瓷出口法国，人们用当时风靡欧洲的名剧《牧羊女》中的女主角雪拉同的美丽青袍与之相比，称龙泉青瓷为"雪拉同"。当代，浙江龙泉青瓷茶器又有新的发展。

⊙ 五代吴越国秘色瓷茶盖托
（临安博物馆藏）

⊙ 五代吴越国白瓷茶盖及盖托
（临安博物馆藏）

白瓷茶器具有坯质致密透明，上釉、成陶火度高，无吸水性，音清而韵长等特点。因色泽洁白，能反映出茶汤色泽，传热、保温性能适中，加之色彩缤纷，造型各异，堪称饮茶器皿中之珍品。早在唐代时，河北邢窑生产的白瓷器具已天下无贵贱通用之，元代，江西景德镇白瓷茶器已远销国外。白釉茶器适合冲泡各类茶叶，加之造型精巧，装饰典雅，其外壁多绘有山川河流，四季花草，飞禽走兽，人物故事，或缀以名人书法，又颇具艺术欣赏价值，所以使用最为普遍。

黑瓷茶器始于晚唐，鼎盛于宋，延续于元，衰微于明、清，这是因为自宋代开始，饮茶方法已由唐代煎茶法逐渐改变为点茶法，而宋代流行的斗茶，又为黑瓷茶器的崛起创造了条件。宋人衡量斗茶的效果，一看茶面汤花色泽和均匀度，以"鲜白"为先；二看汤花与茶盏相接处水痕的有无和出现的迟早，以"盏无水痕"为上。蔡襄在《茶录》中说："视其面色鲜白，着盏无水痕为绝佳；建安斗试，以水痕先者为负，耐久者为胜。"而黑瓷茶器，正如宋代的祝穆在其《方舆胜览》卷中说的，"茶色白，入黑盏，其痕易验"。所以，宋代的黑瓷茶盏，成了瓷器茶器中的最大品种。福建建窑、江西吉州窑、山西榆次窑等，都大量生产黑瓷茶器，成为黑瓷茶器的主要产地。黑瓷茶器的窑场中，建窑生产的"建盏"最为人称道。蔡襄《茶录》中这样说："建安所造者……最为要用。出他处者，或薄，或色紫，皆不及也。"建盏配方独特，在烧制过程中使釉面呈现兔毫条纹、鹧鸪斑点、日曜斑点，增加了斗茶的情趣。宋代茶盏在天目

⊙ 宋代　油滴盏

⊙ 粉彩茶器

⊙ 青花茶器

⊙ "红官窑"釉下五彩 醴陵瓷茶杯

⊙ 毛主席使用的"水点桃花"图案 醴陵瓷茶杯

山径山寺被日本僧人带回国后，一直被称为珍贵无比的"唐物"而崇拜，直至今天。明代开始，由于"烹点"之法与宋代不同，黑瓷建盏终于式微，基本完成实际功能的历史使命，而作为审美功能永恒存在于现实生活中。

彩色茶器的品种花色很多，其中尤以青花瓷茶器最引人注目。青花瓷茶器，其实是指以氧化钴为呈色剂，在瓷胎上直接描绘图案纹饰，再涂上一层透明釉，而后在窑内经1300℃左右高温还原烧制而成的器具。古人将黑、蓝、青、绿等诸色统称为"青"，"青花"由此具备了以下特点：花纹蓝白相映成趣赏心悦目；色彩淡雅幽菁可人华而不艳；彩料涂釉，滋润明亮，平添魅力。

元代中后期，青花瓷茶器开始成批生产，江西景德镇成为中国青花瓷茶器的主要生产地。元代绘画的一大成就是将中国传统绘画技法运用在瓷器上，因此青花茶器的审美突破民间意趣，进入中国国画高峰文人画领域。明代，景德镇生产的青花瓷茶器，诸如茶壶、茶盅、茶盏，花色品种越来越多，质量越来越精，无论是器形、造型、纹饰等都冠绝全国，成为其他生产青花茶器窑场模仿的对象。清代，特别是康熙、雍正、乾隆时期，青花瓷茶器在古陶瓷发展史上又进入了一个历史高峰，它超越前朝，影响后代。康熙年间烧制的青花瓷器具，史称清代之最。

彩瓷茶器还要关注粉彩、斗彩、釉里红和各种明艳动人的单色釉。

3. 陶土茶器

陶土器具是新石器时代的重要发明。最初是粗糙的土陶，然后逐步演变为比较坚实的硬陶，再发展为表面敷釉的釉陶。宜兴古代制陶颇为发达，在商周时期，就出现了几何印纹硬陶。秦汉时期，已有釉陶的烧制。

陶器中的佼佼者首推宜兴紫砂茶器。作为一种新质陶器，紫砂茶器始于宋代，盛于明清，流传至今。北宋梅尧臣的《依韵和杜相公谢蔡君谟寄茶》中说道："小石冷泉留早味，紫泥新品泛春华。"这说的是紫砂茶器在北宋刚开始兴起的情景。至于紫砂茶器由何人所创，已无从考证，但从确切有文字记载而言，紫砂茶器则创造于明代正德年间。

紫砂茶器是用紫金泥烧制而成的，含铁量大，有良好的可塑性，烧制温度以1150℃左右为宜。紫砂茶器的色泽，可利用紫泥色泽和质地的差别，经过"澄""洗"，使之出现不同的色彩。优质的原料，天然的色泽，为烧制优良紫砂茶器奠定了物质基础。

紫砂茶器有三大特点：泡茶不走味，贮茶不变色，盛暑不易馊。由于成陶火温较高，烧结密致，胎质细腻，既不渗漏，又有肉眼看不见的气孔，经久使用，还能汲附茶汁，蕴蓄茶味，且传热不快，不致烫手，若热天盛茶，不易酸馊，即使冷热剧变，也不会破裂。如有必要，甚至还可直接放在炉灶上煨炖。

历代锦心巧手的紫砂艺人，以宜兴独有的紫砂土制成茶器、文玩和花盆，泡茶透气蕴香，由于材质的天下无匹及造型语言的古朴典雅，深得文人墨客的钟爱并竞相参与，多少年的文化积淀使紫砂艺术融诗词文学、书法绘画、篆刻雕塑等诸艺于一体，成为一种独特的，既具优良的实用价值，同时又具有优美的审美欣赏、把玩及收藏价值的工艺美术精品。

　　一般认为明代的供春为紫砂壶第一人。供春曾为进士吴颐山的书童，天资聪慧，虚心好学，随主人陪读于宜兴金沙寺，闲时常帮寺里老僧抟坯制壶。传说寺院里有银杏参天，盘根错节，树瘤多姿。他朝夕观赏，乃摹拟树瘤，捏制树瘤壶，造型独特，生动异常。老僧见了拍案叫绝，便把平生制壶技艺倾囊相授，使他最终成为著名制壶大师。供春的制品被称为"供春壶"，造型新颖精巧，质地薄而坚实，被誉为"供春之壶，胜如金玉"。

　　自"供春壶"闻名后，相继出现的制壶大师有明万历的董翰、赵梁、文畅、时朋"四大名家"，后有时大彬、李仲芳、徐友泉"三大妙手"，清代有陈鸣远、杨彭年、杨风年兄妹和邵大亨、黄玉麟、程寿珍、俞国良等。时大彬作品点缀在精舍几案之上，更加符合饮茶品茗的趣味，当时就有十分推崇的诗句："千奇万状信手出""宫中艳说大彬壶"。清初陈鸣远和嘉庆年间杨彭年制作的茶壶尤其驰名于世。陈鸣远制作的茶壶，线条清晰，轮廓明显，壶盖有行书"鸣远"印章，至今被视为珍藏。杨彭年的制品，雅致玲珑，不用模子，随手捏成，天衣无缝，被人推为"当世杰作"。

　　紫砂茶器式样繁多，所谓"方非一式，圆不一相"。在紫砂壶上雕刻花鸟、

⊙ 时大彬　僧帽壶

⊙ 时大彬　三足如意壶

山水和各体书法，始自晚明而盛于清嘉庆以后，并逐渐成为紫砂工艺中所独具的艺术装饰。不少著名的诗人、艺术家曾在紫砂壶上亲笔题诗刻字。著名的以曼生壶为代表。当时江苏溧阳知县钱塘人陈曼生，癖好茶壶，工于诗文、书画、篆刻，特意和杨彭年配合制壶。陈曼生设计，杨彭年制作，再由陈氏镌刻书画。其作品世称"曼生壶"，一直为鉴赏家们所珍藏。

清代宜兴紫砂壶壶形和装饰变化多端，千姿百态，在国内外均受欢迎，当时我国闽南、潮州一带煮泡工夫茶使用的小茶壶，几乎全为宜兴紫砂器具。名手所作紫砂壶造型精美，色泽古朴，光彩夺目，成为美术作品。有人说，一两重的紫砂茶器，价值一二十金，能使土与黄金争价。明代大文人张岱在《陶庵梦忆》中说"宜兴罐以龚春为上，一砂罐，直跻商彝周鼎之列而毫无愧色"，名贵可想而知。近、当代紫砂大家中有朱可心、顾景舟、蒋蓉等人，他们的作品都被视为珍宝。

⊙ 清代 邵大亨 八卦一捆竹壶

⊙ 清代 陈荫千 竹节提梁壶

⊙ 清代 陈鸣远 南瓜壶

⊙ 清代 杨彭年 石瓢壶

⊙ 日本传世粗陶茶碗

　　紫砂之外还有粗陶，日本茶道奉若神明的茶碗，多为粗陶器，充满了朴拙枯寂之美。浙江景宁的畲祖烧、广西的钦州泥、云南的粗陶罐、中国台湾的岩矿壶，也都是陶制茶器。

4. 漆茶器

　　漆器是一种古老的工艺，漆器茶器主要产于福建福州一带。福州生产的漆茶器多姿多彩，有"宝砂闪光""金丝玛瑙""釉变金丝""仿古瓷""雕填""高雕"和"嵌白银"等品种，特别是创造了红如宝石的"赤金砂"和"暗花"等新工艺以后，更加鲜丽夺目，逗人喜爱。乾隆时期制作了几件精美绝伦的漆雕盖碗茶器。南宋审安老人的《茶具图赞》中的"漆雕秘阁"指的就是宋代十分流行的漆器制成的茶盏托。

⊙ 漆器茶具以及用漆修补茶器的金缮工艺

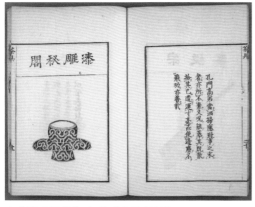

⊙《茶具图赞》中的"漆雕秘阁"

⊙ 乾隆时期漆雕盖碗

5. 竹木茶器

隋唐以前的饮茶器具，除陶瓷器外，民间多用竹木制作而成。陆羽在《茶经·四之器》中开列的二十多种茶器，多数是用竹木制作的。这种茶器，来源广、制作方便，对茶无污染，对人体又无害，因此，自古至今一直受到茶人的欢迎。但缺点是不能长时间使用，无法长久保存，失却文物价值。直到清代四川出现了一种竹编茶器，它既是一种工艺品，又富有实用价值，主要品种有茶杯、茶盅、茶托、茶壶、茶盘等，多为成套制作。

⊙ 竹茶炉"苦节君"

⊙ 各种竹木类茶器

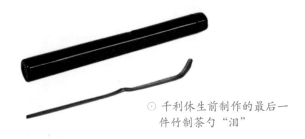

⊙ 千利休生前制作的最后一
件竹制茶勺"泪"

　　明代流行的"苦节君"是竹制茶器的典范，竹炉煮茶堪称绝配，如今竹炉已再度复兴。一度多有以实木雕琢茶盘、茶海，现在已经渐渐为简约的"干泡法"所取代。茶道组多以竹木制成，特别是茶夹、茶荷、茶则几件常用茶器竹制最宜，因有韧性。千利休离世前亲手制作的最后一件"名器"就是一枚竹制的茶勺，名曰"泪"。寻找或制作一枚趁手的茶则很重要，竹制为佳。竹与茶在文化性格上最投缘。

6. 玻璃茶器

　　现代，玻璃器皿有较大的发展。玻璃质地透明，光泽夺目，外形可塑性大，形态各异，用途广泛。玻璃杯泡茶，茶汤的鲜艳色泽，茶叶的细嫩柔软，茶叶在整个冲泡过程中的上下穿动，叶片的逐渐舒展等，可以一览无余，可说是一种动态的艺术欣赏。特别是冲泡各类名茶，茶器晶莹剔透。杯中轻雾缥缈，澄清碧绿，芽叶朵朵，亭亭玉立，观之赏心悦目，别有风趣。玻璃古称琉

⊙ 江西晓起皇菊茶席《晓起皇　⊙ 利用玻璃材质作为茶席的铺垫
菊黄》选用全套玻璃茶具

璃，近年来中式的琉璃茶器艺术有很大发展。而西洋的玻璃艺术更悠久璀璨，以捷克、奥地利、意大利的玻璃器皿最为精美。

7. 搪瓷茶器

搪瓷茶器以坚固耐用，图案清新，轻便耐腐蚀而著称。它起源于古代埃及，以后传入欧洲，现在使用的铸铁搪瓷始于十九世纪初的德国与奥地利。搪瓷工艺大约在元代传入我国。明代景泰年间 (1450—1456)，我国创制了珐琅镶嵌工艺品景泰蓝茶器，清代乾隆年间 (1736—1795) 景泰蓝从宫廷流向民间，这可以说是我国搪瓷工业的肇始。

自中华人民共和国成立以来直至二十世纪九十年代，搪瓷茶缸成为几代人的记忆。搪瓷茶缸上往往烫上单位名称、时间，当然还会有毛主席语录。这样的茶器今天几乎已无人关注，其实却承载着近半个世纪茶文化空白时期中国人对茶的集体记忆。

二、主体茶器——茶壶、茶杯、盖碗

茶器在茶席中往往有主次关系，主体茶器也就是泡茶器，主要的款式有三种：茶壶、茶杯、盖碗。

茶壶在唐代以前就有了。唐代人把茶壶称"注子"，其意是指从壶嘴里往外倾水，据唐代考据辨证类笔记《资暇录》一书记载："元和初（806年）酌酒犹用樽杓……注子，其形若罂，而盖、嘴、柄皆具。"罂是一种小口大肚的瓶子，唐代的茶壶类似瓶状，腹部大，便于装更多的水，口小利于泡茶注水。

宋人行点茶法，饮茶器具与唐代相比大致一样。北宋蔡襄在他的《茶录》中说到当时茶器，有茶焙、茶笼、砧椎、茶钤、茶碾、茶罗、茶盏、茶匙、汤瓶。茶器更求法度，饮茶用的盏，注水用的执壶（瓶），炙茶用的钤，生火用的铫等，不但质地更为讲究，而且制作更加精细。由于煎茶已逐渐为点茶所替代，所以茶壶在当时的作用就更重要。壶注为了点茶的需要而制作的更加精细，嘴长而尖，以便水流冲击时能够更加有力。

明代茶道艺术越来越精，对泡茶、观茶色、酌盏、烫壶更有讲究，茶器也更求改革创新。茶壶开始看重砂壶就是一种新的茶艺追求。晚明文震亨书成

⊙ 明代　紫砂提梁大壶

⊙ 鸡蛋大小的孟臣罐

于崇祯七年的《长物志》载："茶壶以砂者为上，盖既不夺香，又无熟汤气。"因为砂壶泡茶不吸茶香，茶色不损，所以砂壶被视为佳品。

茶杯是由茶盏发展而来，茶盏在唐以前就有，是一种敞口有圈足的盛水器皿。宋时开始，有了"茶杯"之名。

宋代茶盏讲究陶瓷成色，追求"盏"的质地、纹路和厚薄。蔡襄在《茶录》中说："茶色白、宜黑盏，建安所造者绀黑，纹如兔毫，其坯微厚，燴之久热难冷，最为要用。出他处者，或薄，或色紫，皆不及也。其青白盏，斗试家自不用。"从中得知，茶汤白宜选用黑色茶盏，目的就是为了有更好地衬托茶色。

《长物志》中记录明朝皇帝的御用茶盏说：明宣宗朱瞻基喜用"尖足茶盏，料精式雅，质厚难冷，洁白如玉，可试茶色，盏中第一。"明世宗朱厚熜则喜用坛形茶盏，时称"坛盏"。坛盏上特别刻有"金箓大醮坛用"的字样。"醮坛"是古代道士设坛祈祷的场所。因明世宗后期迷信道教，常在"醮坛"中摆满茶汤、果酒，独坐醮坛，手捧坛盏，一边小饮一边向神祈求长生不老。

碗，古称"椀"或"盌"。茶碗也是唐代一种常用的茶器，茶碗当比茶盏

⊙ 顾景舟誓钟壶及杯

⊙ 明代 斗彩粉蝶盏

⊙ 欧式茶杯

稍大，但又不同于如今的饭碗，用途在唐宋诗词中有许多反映。诸如唐代白居易《闲眼诗》云："昼日一餐茶两碗，更无所要到明朝。"诗人一餐喝两碗茶，可知古时茶碗不会很大，也不会太小，唐宋文人墨客大碗饮茶，以茗享洗诗肠的那般豪饮，从侧面反映出古代文人与饮茶结下不解之缘。

　　唐代发明了茶碗的底托，明代开始有了茶盖，用了将近八百年时间终于形成了盖碗。盖碗由盖、托、碗三件组成，象征天、地、人，因此又名三才碗。大盖碗用于直接泡茶品饮，小盖碗则与紫砂壶一样可用于冲泡工夫茶。

　　作家王小波说过："在器物的背后，是人的方法和技能，在方法和技能的背后是人对自然的了解，在人对自然了解的背后，是人类了解现在、过去与未来的万丈雄心。"

⊙ 汉代　陶碗

⊙ 唐代　秘色瓷茶碗

⊙ 盖碗

第十章 茶的美学

美学属于形而上的哲学范畴，谈论茶的美学实际上已经进入了『茶道』的领域。但是如果我们不懂一点茶的美学，就无法从审美上去观照前面九章的茶艺术作品。本章不再分节叙述，而是把我对茶的审美范畴内的一点思考与认识做一个漫笔式的陈述。

一、中和之美：中华茶艺术的核心

曾经有人做过类比，人类伟大的文明、信仰背后往往有一种带有精神性的饮料相对应，如基督教世界与葡萄酒，伊斯兰世界与咖啡，东方与茶。当然不能简单的以国家、民族、地域归类，但的确这些伟大的饮料与人类文明有某种深刻的联系，这种联系就是文化。而这些饮料背后的文化又都借着这些饮品而形成了各自的艺术语言与美的历程。

几大古文明中，唯一不曾中断的中华文明，在其源头，就与茶共生。因此，茶的美学气质深深地根植于中华民族的精神品格之中，就是"中和"。

茶从各个通道吸收文化，儒家以茶规范礼仪道德；道家以茶超然养生；佛家以茶渐修顿悟；艺术家以茶吟诗作画；鉴赏家以茶赏心悦目……茶又将儒、释、道各家三味一体，使人类精湛的思想与完美的艺术得以融合。

儒家侧重于人与人、人与社会之间的关系；道家注重人与自然宇宙之间的关系；佛家关注人与自心、自性之间的关系。三者在中华文明史上，冲突融合，难舍难分，共同构建起中华文化审美意识中的"中和之美"。

中和之美，有融洽、调和，即和谐之意，但绝非如此简单。"中"是本性具足、本性完善的境界；"和"是本性彻底实现出来的完满境界。可解读为，"中"就是形式上表现的恰如其分、恰到好处；"和"就是把内容最准确、完美地体现出来。

第五届茅盾文学奖获奖作品《茶人三部曲》这样一部茶文学史诗作品，其审美的核心即是以"平和"的形式表达一个"和平"的主题。

作品是以茶在国家与国家的交往中，起到独特的历史作用而开篇的。东西方两大帝国的首次交往，从茶开始。中国人把茶送往欧洲时，抱着"和"的

⊙《茶人三部曲》

精神，不曾想到他们还给我们的是鸦片。但中国人并未就此以恶易恶，全世界所有的茶都是从中国出去，其传播途径与方式，从来就是和平的、美好的。

作品就是把握住了茶的"中和之美"，而成为了小说自身的艺术形式、中心思想甚至是价值取向。茶几乎与任何事物都能够协调搭配在一起，茶有一种改良世界的气质，而不主张推倒一切、破坏一切的方式。茶人也往往兼备这样的一种气质，用最大的胸怀，去拥抱世界。茶与人类和平，茶与社会和谐，茶与人性自我之间，如此构成了深刻而本质的关系。

二、天人合一：人的自然化与自然的人化

茶艺术的美往往表现为"感官愉悦的强形式"和"伦理判断的弱形式"。茶艺术作品，尤其是茶席艺术，品茶本身给予我们的感官愉悦要比日常更强有力。但当我们欣赏茶艺术的内在精神时，追求的往往是茶所表现出来的清、静、和、雅、淡、廉、自然、质朴、精行俭德等，这些就是"伦理判断的弱形式"。强弱相生，茶艺术的"内弱外强"也符合美感的一般规律。

人之所以会爱茶，并通过茶这个文化符号创作出形形色色的茶艺术作品，内在的原因就在于"人的自然化"。人有一种通过艺术追求自然的需要。

杨绛曾翻译过英国诗人兰德的一首小诗《生与死》，令无数艺术家着迷：

我和谁都不争，和谁争我都不屑；

我爱大自然，其次是艺术；

我双手烤着生命之火取暖；

火萎了，我也准备走了。

诗中就表达了自然与艺术两个最重要的审美命题。

茶是自然之物，人们爱茶，在审美上有亲近自然的愿望。通过茶，人类得以更好地感受自然之美。人类是从原始的大自然中生出来，进而形成了社会，成为了社会性的动物。人已经无法真正脱离社会，彻底地回归纯自然。于是人类在漫长的美学历程中就会通过艺术的手段，运用复杂的精神程序，去满足自己"自然化"的需求。个体常常通过冲泡一杯绿茶来满足自己强烈的获得大自然的需要，这种间接的方式比直接去大自然中更简便宜行，甚至也更受喜爱。

茶给我们带来的这种"人的自然化"，也包含在中国人古已有之的"天人合一"的理念之中。

中国台湾周渝的紫藤庐茶艺馆、茶席乃至他的书法作品，就是在这样的审美观照下展开的。他在审美本源上从汉民族的崇尚自然、天人合一、天人同构精神出发，提出"从一口茶中品出山川风光与大自然精神"，每一片茶叶、每一方茶席都是一个小小的"自然道场"。由此他又进一步提出"茶气"的概念，以及"自然精神的再发现，人文精神的再创造"。

周渝创作的茶席以正方形为主，并以素方与壶承为标志，取中国天人哲学中天圆地方之意。一个破旧的民间大碗，一把晚明的简陋紫砂壶具轮珠，还有三个朴素的茶杯，取其民间风格，釉色不白净，也没有去刻意回避。却都因真正的道法自然之气而显示出特殊的美感。

另一方面，茶艺术之所以美，其本质就在于"自然的人化"。现在有茶人提出，要彻底回归茶本身，回归自然生态，空洞的强调所谓"返璞归真"，实际上是绕开或弱化了茶的"人化"与"艺术化"的能力。

⊙ 周渝在宋代建盏中冲泡的
　一片茶叶，一叶一宇宙

⊙ 周渝设计的日常茶席

　　如果要举例，那么前面九章中的每一件茶艺术作品恐怕都是例子。正如苏东坡所说的"从来佳茗似佳人"。可以说，茶艺术之美是一个"自然的人化"的过程，也可以理解为"茶的艺术化"的过程。

三、精行俭德：高超艺术技能之后的品格

　　茶圣陆羽在《茶经》中写道："茶之为用，味至寒，为饮最宜精行俭德之人。"这里，陆羽提出了以"精行俭德"来作为品茶精神，通过饮茶陶冶情操，使自己成为具有美好行为和高尚道德的人。后人认为，这"精行俭德"，便是陆羽对茶道和茶人精神的实际诠释。

　　凡是茶人，无人不说"精行俭德"四字，可见这种茶人精神是深入人心的。而这四个字中其实也包含了很深的审美意蕴。

　　"俭德"并不仅仅是俭朴、简素的德行，而是一切美德的综合，至少可以理解为"俭朴而高贵"的内在修养。相对于"俭德"，决不能忽视了"精行"。"精行"的要求我认为不仅包含着如何将美好的内在修养呈现、表达出来的礼仪、

技巧与能力，还包含了艺术表现的能力。

陆羽的《茶经》首次把饮茶当作一门艺术来对待，正式创造了茶艺术的美学意境。由于《茶经》的问世，唐代中期茶文化的发展出现了一个旷古高潮，尤其表现在唐诗的激增之上。"琴棋书画诗酒茶"，从此成为高雅品茶的必然意境。这一切都是"精行"二字的内涵。

而"精行"之后是"俭德"。这很重要，这说明在高超的艺术、技巧、能力与形式之后，茶艺术有道德的指向。真、善、美通过茶达到一种统一与和谐，这也是一种审美特质。其实很多情况下，真、善、美是很难统一的，如西方的诗人、美学家波德莱尔的作品《恶之花》就是"离美越近，离善越远"，英国作家王尔德的小说中也探讨过这样的审美主题。

如果说"精行俭德"是高超艺术之后指向道德，的确很符合中华文化的特点，这就让我不得不想到比陆羽稍晚的一位人物——"百代之文宗"、古文运动的倡导者韩愈，他提出的"文以载道"。两者在审美上有某种异曲同工之妙，都以儒家为内核，堪称是流芳百世的文艺理论。

"格物、致知、诚意、正心、修身、齐家、治国、平天下"，从来就是儒家精神作用下，中国人主要的思维方式。以茶修身，意义不仅在养性，更在天下。苏东坡就在《叶嘉传》中，以拟人手法，把茶比作一名叫叶嘉的君子来赞美："嘉以布衣遇天子，爵彻侯，位八座，可谓荣矣。然其正色苦谏，竭力许国，不为身计，盖有以取之。"《叶嘉传》铺陈茶叶历史、性状、功能诸方面的内容，其中情节起伏，对话精彩，读来栩栩如生，一位心怀天下的正人君子形象跃然纸上。

扬州八怪的郑板桥，一生嗜茶，写了许多茶诗、茶联、茶书法，还有不少以茶为内容的画作。他在《题靳秋田素画》中，把劳苦之众在寒舍饮苦茶视为"安享"，他说："三间茅屋，十里春风，窗里幽竹……惟劳苦贫病之人，忽得十日五日之暇，闭柴扉，扣竹径，对芳兰，啜苦茗。"这才是"天下之安享人也"。他的茶艺术作品"大俗大雅"，其目的就是为了"大慰天下之劳人"，而不仅仅只是文人茶艺术的一点闲情与雅致。这其中有老杜之味，才是"精行俭德"的深意。

四、变与不变:"万变不离其宗"与"以不变应万变"

中国的茶几千年来不断演变,也就演变出了丰富多彩的茶艺术作品。唐宋时期茶传到日本,更变出了东方另一个茶美学的世界。

日本茶人描述日本茶道的条目众多,综合来看,日本茶道是以吃茶为契机的综合文化体系,以身体动作作为媒介的室内艺能,它包含了艺术因素、社交因素、礼仪因素和修行因素,通过人体的修炼达到陶冶情操、完善人格的目的。其内核是禅。

简素的精神是日本民族审美的关键,特别集中地体现在茶道之中。所谓简素,就是简单朴素,也就是单纯。但这里的单纯是指表现形式和表现技巧的单纯化,而恰恰使精神内容得到深化、提高和紧张。越是要表现深刻的精神,就越是要极力抑制表现并使之简素化,而且越是抑制表现而简素,其内在精神也就越是深化、高扬和紧张。

日本茶道美感的出发点是"侘",这是一个表现茶道美的专用词。可以用一组词汇来表现它的概念:贫困、困乏、朴直、谨慎、节制、无光、无泽、不纯、冷瘦、枯萎、老朽、粗糙、古色、寂寞、破旧、歪曲、浑浊、稚拙、简素、幽暗、静谧、野趣、自然、无圣。这种美感与禅宗思想有直接的关系,它是对世俗普遍意义的美的否定。日本茶道的这种审美表现在茶艺术上就形成了自身的特点:

(1)不均、无法。不均就是不对称、不规整、不平正,茶道不以正圆、正方为美,而以扁瘪、歪曲更有情趣。如茶席中的茶碗,往往碗口歪斜,表面凹凸不平,图案不对称,上釉不均匀。不均齐用禅语解释就是"无法",是对完美和神圣的否定,反而是真实美的常态。

(2)简素、无杂。简素是对浓重、精巧、冗长、绚丽的否定。在色彩上茶道认为单色、无光泽、暗色为上。如茶室内的色调是朽叶色,里面的摆设尽可能少而精,摆设少、空间大,给人清爽的感觉。茶点、插花也都如此。简素美的禅语表达就是"无杂",否定了一切的无相的自己所表现出来的纯净的自己。

(3)枯高、无位。枯高是遒劲、古老、阑珊的意思。日本茶道茶席中崇

⊙ 长次郎黑乐茶碗"千声"
利休七品之一

尚年份久的茶器，茶庭中的一石一木也都以历经岁月而珍贵。禅语解释枯高就是"无位"，是说事物总在发展变化，没有固定的位置和形状，没有一成不变的美。

（4）自然、无心。茶道美学上的自然是在否定了自然物和孩童所表现出的因无知而自然的状态之后建立起来的。自然，即不造作、无杂念、不勉强。设计茶席时，没有经济条件却要追求名贵茶器就是不自然；已有名贵茶器，故意不用，非要表现质朴的样子也是不自然。自然的禅语表达就是"无心"，本来无一物，何处惹尘埃。没有任何束缚，用真实的自己来表现真实的艺术。

（5）幽玄、无底。幽玄是幽深、含蓄，茶道讲究不将意思完全表达出来，只显露出一部分，剩下的部分让对方回味，余音不绝，回味无穷。茶室的窗户开的小，有时档上苇帘，光线幽暗，制造气氛，让人集中精神。茶席上的名茶器不能一下子显示，茶人的才华也不能全部显示，否则就失去了幽玄的风格。禅语表示为"无底"，有"无一物中无尽藏"的无限可能。

（6）脱俗、无碍。脱俗就是自由自在，不拘形式。但是这里所谓的自由是在高度精确、严格的规范后所获得的境界，不是初学者一上来就脱俗了。禅语表达为"无碍"，心灵没有任何障碍。

（7）寂静、无动。茶席要保持安静、庄严的气氛。茶人表情温和但不笑，茶室安静，点茶时可以欣赏茶筅摩擦茶碗的声音。禅语表达为"无动"，禅心不动，用寂静的态度对待一切喧嚣。

如此看来，同样是茶艺术，中日的美学精神很不一样。冈仓天心在《茶之书》中指出：

对茶不同的玩赏方式，标示出具时盛行的精神思想——生命本身，就是一种呈现与表达；不经意的举动，反而总是泄露出自我内心的最深处。

……

茶，则呈现出东方不同文化传统的心绪。用来煎煮的茶饼，用来拂击的茶末，和用来淹泡的茶叶，分别鲜明地代表中国唐代、宋代，以及明代的感情悸动。在此且让我们借用已经相当浮滥的美学术语，将它们挂上古典主义、浪漫主义与自然主义的流派之名。

冈仓天心认为是元代的蒙古铁骑踏碎了中国人唐宋的饮茶方式，明代建立后的饮法不仅是一种形式上的变革，更是中国人内心的审美方式随之发生变革。经过了大唐的古典主义，大宋的浪漫主义之后，明清的中国进入了自然主义的世俗世界。也就是说，以茶为象征，他认为唐宋以后的中国在审美上已经没落。

实则中国茶美学的核心在其不断流变的外在形式之中始终在延续。至今依然是活态的茶艺也是生活方式的"潮州工夫茶"，其散茶冲泡的艺术形式虽然形成于清代，却是延续了陆羽茶经中烹茶法的内在精神。

而日本茶道从形成至今，以家元制的

⊙ 日本演员田中千绘学习茶道

⊙ 传统潮州工夫茶

方式传承，虽然流派众多，但在形式上几百年保持不变。包括茶室的规格、制式，茶器的形制，人体的每一个动作等，都在严苛地代代承袭。日本在七世纪中叶实行"大化改新"，进入文明的新阶段时，开始全面向中国学习，茶传入日本。数百年后在村田珠光、武野绍鸥直至千利休手中，彻底去除中国的面貌而形成了象征日本民族审美的茶道。明治维新时代脱亚入欧，全面接受西方思潮。第二次世界大战以后又迅速接纳美国。在这一次又一次不可思议的历史剧变之中，茶道岂能不在其中？

或许，审美上看似嬗变的中国茶文化是"万变不离其宗"；而审美上看似一成不变的日本茶道是在"以不变应万变"吧！

五、冷眼看穿：茶在艺术中的角色

清代朴学家胡文英评价《庄子》时说："庄子眼极冷，心肠极热。眼冷，故是非不管；心肠热，故悲慨万端。虽知无用，而未能忘情，到底是热肠挂住；虽不能忘情，而终不下手，到底是冷眼看穿。"

一直以来我对这番赏析评论的话不能忘怀，尤其是在欣赏一件件古今中外的茶艺术品时，茶在艺术中扮演着什么样的角色呢？我想它就是对这个历史和世界，始终"热肠挂住"又终于"冷眼看穿"的角色吧！

举两幅俄罗斯茶画作品为例。彼得罗夫1862年创作的《在梅季希饮茶》中，"茶"代表我们"冷眼看穿"沙俄时代末期的社会悲剧。几十年后，马克西莫夫创作的《没落》，"茶"又在一旁静静地看着沙俄贵族的没落。

这种"冷眼看穿"式的存在，在茶艺术作品尤其是茶绘画作品中比比皆是。戏剧如老舍的《茶馆》，更是一种冷眼看穿的角度，全剧从头到尾都没有讲茶本身，而是让观众通过茶馆的视角去透析各种人物命运与历史交织出的悲欢离合。

其实，茶在艺术中的存在还是一种"在场"。

素有当代行为艺术之母美誉的塞尔维亚行为艺术家玛瑞娜·阿布拉莫维克2010年的时候，在纽约现代艺术博物馆做了名为"玛瑞娜·阿布拉莫维克：艺术家在场"的行为艺术作品。她静坐了两个半月，在这716小时中岿然不动，像雕塑一般接受了1500个陌生人与之对视的挑战，众多名人慕名而来，有些人一接触到她的目光不过十几秒，就宣告崩溃，大哭起来。唯有一个人的出

⊙ 彼得罗夫作品《在梅季希饮茶》

⊙ 马克西莫夫作品《没落》

⊙ 玛瑞娜·阿布拉莫维克：艺术家在场

现，让雕塑般的玛丽娜·阿布拉莫维奇颤抖流泪，那就是她曾经一起出生入死之后宣告分手的恋人，他们短暂的伸出双手，十指相扣。这都不是事先安排的动作。

举这个例子，是为了说明"在场"的重要性。那是在对艺术与人类无限的追逐反思中再次创作的一件惊世骇俗却又动人心扉的行为艺术作品。而"茶"在艺术作品中的"在场"，哪怕是吴昌硕或者齐白石的一张画着茶壶的静物作品，同样拥有这样深刻的意义。

"在场性"是德语哲学中的一个重要概念，在康德那里，"在场性"被理解为"物自体"；在黑格尔那里，指"绝对理念"；在尼采思想中，指"强力意志"；在海德格尔哲学中，指"在""存在"；到了法语世界，则被笛卡尔翻译为"对象的客观性"。"在场"即显现的存在，或存在意义的显现；或歌德所说的"原现象"。更具体地说，"在场"就是直接呈现在面前的事物，就是"面向事物本身"，就是经验的直接性、无遮蔽性和敞开性。

艺术伟大的地方也许就在于，无论你有多么的"不在场"，都能带你瞬间"在场"。从这个意义上，再来欣赏一次陈老莲的《闲话宫事图》。

六、慰藉灵魂：茶艺术的意义

前面谈了茶在艺术中的"冷眼看穿"，其另一面就是"热肠挂住"。而茶艺术不只是有一副热肠而已，更重要的是茶是能够慰藉人类灵魂的精神饮品。

首先茶艺术作品中大量地表现了"诗意栖居"这个人类最高精神向往的主题。茶建筑、茶庭院、茶席、茶器、茶诗词、茶书画大量的艺术作品都借用了茶这个媒介追求"诗意栖居"的目的。宋徽宗如此沉迷于茶，也是为了追求"诗意栖居"的生命方式，虽然这是很难获得的，即使贵为帝王。

《华夷花木考》中记有一则宋徽宗被押送金国时的故事，颇可玩味。徽宗和钦宗在被俘北上的路途中经过一座寺庙，两人又累又渴，疲惫不堪，进庙一看，只有两尊巨大的金刚石像和香炉而已，别无供

⊙ 明　陈洪绶　《闲话宫事图》

⊙宋 赵佶《文会图》

品。忽然从里边走出来一位胡僧，拜问："你们从哪来啊？"两人说："打南边来的。"胡僧就叫童子点茶给客人。茶送上来了，香美异常，两人一饮而尽，再欲索饮时，胡僧与童子已往堂后去了。过了好长时间，也不再见胡僧出来，两人就入内寻找。但里面寂然空舍，只有竹林间有一个小室，里边有一尊胡僧的石像，一旁侍立着两个童子的石像。两人仔细辨认，俨然就是刚才献茶的人。徽宗一生追求极致的艺术，点出一手艺术化的茶汤，最后却受尽凌辱，亡于北方。

诚然，在人类的历史中，"诗意栖居"往往是最难以企及的。个体生命和历史常常充满了各种各样的苦难和创伤。这时，茶艺术在精神上就展现了其原初的"药性"，它即便不能治愈，但可以给人带来心灵上的慰藉。这也是茶很本质的意义。

释皎然在《饮茶歌诮崔石使君》中云：

……

一饮涤昏寐，情思爽朗满天地。
再饮清我神，忽如飞雨洒轻尘。
三饮便得道，何须苦心破烦恼。

这"三饮"就一种心灵的慰藉。其第一饮就不谈生理上的解渴，直接就是"涤昏寐"。到了卢仝的《走笔谢孟谏议寄

新茶》，俗称"七碗茶诗"，茶喝七碗，成仙飞升，可是诗人在苍穹看到的是"安得知百万亿苍生，堕在颠崖受辛苦！"最后他反问好心送他好茶的那位孟谏议"便为谏议问苍生，到头合得苏息否？"可见这个作品中的茶是"热肠挂住"，是"慰藉灵魂"之物。

茶的这种审美精神超越时空与疆域，成为人类共同的美好精神。二十世纪五十年代初，前苏联女诗人阿赫玛托娃应著名汉学家、前苏联作协书记费德林之约，共同翻译屈原的《离骚》。费德林为她沏出一杯中国龙井茶，阿赫玛托娃目睹茶叶从干扁经过浸泡成为鲜绿的茶叶说："在中国的土壤上，在充足的阳光下培植出来的茶叶，甚至到了冰天雪地的莫斯科也能复活，重新散发出清香的味道。"阿赫玛托娃在第一次见到和品尝中国茶的瞬间，就深刻地感受到茶对生命滋养的意义——茶是世间万物的复活之草的意义。

周作人在他冲淡的散文中谈出了对人生的些许无奈，以及茶的慰藉之用：

茶道的意思，用平凡的话来说，可以称作为忙里偷闲，苦中作乐，在不完全现实中享受一点美与和谐，在刹那间体会永久。

再来回味一下《事茗图》，这幅大家常常看到的著名茶画，也是唐伯虎作品中堪称高水准的作品。此画通过近景、中景、远景完成，在中国画中是很少见的。透过两块山岩望进去，仿佛是向"桃花源"中窥视。画中表现了文人高

⊙ 明　唐寅　《事茗图》

蹈、恬淡雅致、无忧无虑的生活。山水世界，小童煮茶，伏案品茗，知音来访，童子抱琴。这真是"诗意栖居"的境界了。可是唐伯虎一生的遭遇却并非如此，他仕途中断，满门皆丧，潦倒一生。再读画上题诗道出了心声：

日长何所事，茗碗自赍持。料得南窗下，清风满鬓丝。

也许这首题诗所要表达的不是品茗的闲情，而是"何所事"与"满鬓丝"的惆怅与无可奈何之情。又或许，那山岩之后向内窥视着"诗意栖居"世界的人，不是我们，而正是唐寅本人吧！他只有"茗碗自赍持"，喝一碗茶聊以慰藉自己伤痕累累的灵魂。

纪录片《茶，一片树叶的故事》体现了自然美、人文美、情感美。

（1）自然美。透过此片我们把从中国到世界的各个产茶区的自然风貌看了个过瘾，世界茶文化自然景观之美尽收眼底，可以说是茶文化的"国家地理"。

（2）人文美。茶文化的千姿百态是本片最直接、最重要的表现对象。世界茶文化的各种风貌被充分地展示出来了，云南烤茶的质朴美，潮汕工夫茶的古典美，英国下午茶的优雅美，成都老茶馆的闲适美，龙行茶的武术美，茶马古道历史的苍茫美，泰国拉茶、广东凉茶的时尚美，藏族酥油茶的信仰美，日本茶道的枯寂美等。

（3）情感美。作品让我们看到大量真实、丰富的茶文化人文风貌的同时，常常被茶与人所感动。第二集中一位日本老太太已经年逾八十，她一直收养一群智障儿童，设立学校教他们学习茶道，以此感恩社会。同一集中，也表现了同样是制作蒸青绿茶的中国恩施聋哑小伙子，无比专注的制茶镜头。再比如，第六集中一生致力于中日友好的日本丹下流茶道家丹下明月，她的父亲曾是一名侵华战犯，她对着镜头非常平静的叙述说："二战结束后，我的父亲被处决了"。其中蕴藏着多少家国历史、个人命运。从中观众获得了一种很高的感动，这种情感同样是因茶而生，它远远超越了国家、民族的范畴，是深刻的根植于人性深处的东西，诚如雨果所言，一切主义之上有一个人道主义。这是茶的情感大美，体现了普世价值。这也是赏析这部纪录片最关键的审美意义。

2014 年我在塞尔维亚的贝尔格莱德体味到这层意义，写下一首小诗《荒凉与茶》：

> 十月的最后一周，
> 我的生命多出一小时。
> 没有贵重之物留给塞国，
> 仅把这一小时献于荒凉。

> 四处寻找暖壶，
> 想用热茶慰藉这个世界。
> 一只暖壶无故破裂，
> 我眼见，温热的液体
> 在没有成茶之初，
> 流淌、冷却、干涸
> 在铁托走过的路上。

七、隽永之美：茶艺术的节奏、神韵与境界

茶人在品茶过程中，形容每一款茶的滋味到了最不可言说的部分就被称为"韵"。武夷岩茶有"岩韵"，铁观音有"观音韵"，每一款好茶都有"茶韵"。这个韵味在茶艺术中如果有对应的状态，那恐怕就是艺术作品内在的节奏。

节奏不仅见于艺术作品，也见于人的生理活动。人体中呼吸、循环、运动等器官本身的自然有规律的起伏流转就是节奏。人用感觉器官和运动器官去应付审美对象时，如果对象所表现的节奏符合生理的自然节奏，人就感到和谐和愉快，否则就感到别扭与失调，就不愉快。节奏是主观与客观的统一，也是心理和生理的统一。它是内心生活、思想和情趣的传达媒介。艺术家把应表现的思想和情趣表现在音调和节奏里，听众就从这音调节奏中体验或感染到那种

⊙ 小堀远州所建的茶室"转合庵"位于东京国立博物馆庭院内

思想和情趣，从而引起同情共鸣。

节奏主要见于声音，但也不限于声音，形体长短大小粗细相错综，颜色深浅浓淡和不同调质相错综，也都可以见出规律和节奏。建筑也有它所特有的节奏，所以过去美学家们把建筑比作"冻结的或凝固的音乐"。包括戏剧、影视，以及每一部文艺作品在布局上都要有节奏。而茶艺术作品除了要把握自身特有的艺术上的节奏感之外，往往也要与茶的内在节奏相吻合。

我的同事包小慧老师谈起过她在为陆羽的《六羡歌》谱曲时的创作过程。通过反复诵读这首诗歌，来把握诵读本身所应有的内在节奏，哪里停顿，哪里沉郁，哪里高昂。如此反复诵读，音乐的节奏和旋律就自然而然地流淌出来。

再如日本茶道的茶庭，又称为露院，那是为了在进入茶室行茶之前安顿心灵而精心布置的艺术场所。人在茶庭中行走、呼吸、净手、静坐，最后安顿好一切再进入草庵茶室，整个欣赏庭院的过程也有一种节奏。

把握住了茶艺术的节奏，更像是掌握了方法论中的精要，最终要追求什么呢？那就是境界。

中国人谈艺术，不能不谈境界。王国维在《人间词话》中开"境界论"，从此文艺欣赏与评论逃不出境界之论。其实，王国维之前几千年，中国艺术的境界就在那里。潘天寿先生说过：

艺术之高下，终在境界。境界层上，一步一重天。虽咫尺之隔，往往辛苦一世，未必梦见。

茶根植于中国，茶艺术更讲究境界。什么样的境界呢？自然要因艺术品的高下而论，但茶艺术的最高境界一定是能够指示着生命的真谛和宇宙的奥境。

茶艺术境界之悠远，与历史同悠远；茶艺术境界之广大，与世界同广大；茶艺术境界之深邃，与人生同深邃。因此，它有着无比丰富、充沛的充实之美。

宗白华先生曾谈过，孟子所谓"充实之为美"，就是这种美感。像歌德那样的生活，经历着人生各种境界，充实无比。杜甫的诗歌沉郁深厚而有力，也是由于生活经验的充实和情感的丰富。

关于茶艺术的充实之美，我深有体会。我认识许许多多真正的茶人、艺术家，他们自身就是充实之美的最好例证。

在此，可以来欣赏一件茶器，范早大的紫砂壶作品《松鼠葡萄壶》。这是一件"花货"。喜欢欣赏紫砂壶艺术的人知道，紫砂壶一般分为"光货""花货"和"筋囊货"。文人雅士往往更青睐于欣赏那些简洁的造型，不讲求繁复的装饰，特别如"曼生壶"，都是"光货"。然而，是不是"花货"的境界就一定比"光货"低呢？那就要看这把花货作品是一味的卖弄技巧，增加观赏的装饰性，

⊙ 范早大　紫砂壶作品　《松鼠葡萄壶》

（竖排书法图，内容略）

⊙ 明　徐渭　《煎茶七类》

![茶具静物画]

⊙ 瑞士　让·艾蒂安·利奥塔尔　《茶具》

还是它表现出了一种发自艺术家内在的充实之美。

徐文长的《煎茶七类》是一篇论茶的好文章，但他抄录纸上，落笔茶烟，更成为书法艺术中的一件杰作。欣赏这件茶书法，从形式到内容都充满了充实之美。不仅充实，我甚至能感觉到徐渭身上的那种趋于疯狂的充沛到溢出纸卷的生命力量。

西方的茶画作品，大量的都表现出了这种充实的美感。这里欣赏一幅比较少见的作品，瑞士画家让·艾蒂安·利奥塔尔创作于十八世纪的《茶具》。这是一幅构图饱满的静物画，画中细腻地描绘了一大套从中国出口到欧洲的精美粉彩茶器，但是杯盘狼藉，一副刚刚吃喝之后未及收拾的混乱场面。虽未画人物，却透出了浓浓的生活气息。

在充实之美的另一端，似乎更能展现中国艺术境界之独特的，就是"空灵之美"。空灵和充实是茶艺术精神的两元。

宗白华先生是这样解释艺术的"空灵"：

> 艺术心灵的诞生，在人生忘我的一刹那，即美学上所谓"静照"。静照的起点在于空诸一切，心无挂碍，和世务暂时绝缘。这时一点觉心，静观万象，万象如在镜中，光明莹洁，而各得其所，呈现着它们各自的充实的、内在的、自由的生命，所谓万物静观皆自得。这自得的、自由的各个生命在静默里吐露光辉。所以美感的养成在于能空，对物象造成距离，使自己不沾不滞，物象得以孤立绝缘，自成境界。

茶艺术更易于让艺术家们进入这种"空灵"的境界。因为审美上的空灵，往往需要精神的淡泊作为基本条件。萧条淡泊，闲和严静，是艺术人格的心襟气象。试问，世间何物的精神本质能够助我们"精行俭德"，能够助我们"和清敬寂"，助我们淡泊呢？茶。

我们来比较两幅元代的茶画。

赵原的《陆羽烹茶图》藏于中国台北故宫博物院。该图淡牙色纸本，淡着色。园亭山水，茂林茅舍，一轩宏敞，堂上一人，按膝而坐，旁有童子，拥炉烹茶。树石皴法，各具苍润。面前上首押"赵"字朱文方印，题"陆羽烹茶图"五字。后款"赵丹林"，下押"赵善长"白文印。上角有"晚翠轩"朱文长印，下角押"子孙永保"白文印。卷有项墨林以及李肇亨、张洽诸印。画上有七律一首，款"窥斑"。另有无名氏题七绝诗一首。画面上窥斑所作的一首七律为"睡起山垒渴思长，呼童煎茗涤枯肠。软尘落碾龙团绿，活水翻铛蟹眼黄。耳底雷鸣轻着韵，鼻端风过细闻香。一瓯洗得双瞳豁，饱玩苕溪云水乡。"从书写笔法来看，无名氏所题的七绝似为赵原自题，诗曰："山中茅屋是谁家，兀坐闲吟到日斜。俗客不来山鸟散，呼童汲水煮新茶。"该图卷首的："陆羽烹茶图"也应为赵原自题。该图入大清内府后，乾隆"御笔"题诗于画云："古弁先生茅屋闲，课僮煮茗雪云间。前溪不教浮烟艇，衡泌栖径绝住远。"

自宋入元，茶画的面貌多有充实而入空灵。宋画中对茶的表达大多是写实的，将当时煎茶品茗的风貌描绘下来。而到赵原的《陆羽煮茶图》，虽名煮

⊙元　赵原　《陆羽烹茶图》

茶，却是将茶寄情于山水了。人物与茶器在画面中所占比例甚微，已经不是描摹的重点。我们看到的是一个偌大的山水天地之间，独有一个陆羽在煮茶，这就造成了"空"的感觉，画中人与天地，与观画者都造成了很大的距离，因而"不沾不滞，物象得以孤立绝缘，自成境界"。

而到了倪瓒的茶画《安处斋图卷》，就将这种空灵之美的境界更加推向极致。画面仅为水滨土坡，两间陋屋一隐一现，旁植矮树数棵，远山淡然，水波不兴，一派简朴安逸的气氛。画面上不仅无人，更无表现茶的物象，只有倪瓒本人的题画诗句："竹叶夜香缸面酒，菊苗春点磨头茶。"之后又有乾隆御笔题诗："高眠不入客星梦，消渴常分谷雨茶。"此外，史载倪瓒还作有《龙门茶屋图》，他在画上的题诗意境也与《安处斋图卷》有共同之处，诗曰："龙门秋月影，茶屋白云泉。不与世人赏，瑶草自年年。上有天池水，松风舞沧涟。何当蹑飞凫，去采池中莲。"

这可以说明，以具有强烈洁癖著称的倪瓒确实创作了茶画，但并非是因为他的题诗中谈到了茶，而是他从茶的精神与美学出发创作了这样疏淡高远的艺术世界。

若说赵原画中的茶味是"有我之境"，那么倪瓒画中的茶味就是"无我之境"

⊙ 元　倪瓒　《安处斋图卷》

了。我们从这幅画上欣赏品味到的这空灵境界，不但不是茶的虚无，反而感到茶的滋味与气韵弥漫于整个画中的世界了。

　　而茶之为艺术，其美学的境界与滋味，好比喝茶本身的啜苦咽甘，就像卢仝"柴门反关无俗客，纱帽笼头自煎吃"的那种发自真心的快乐，丰子恺也这样说"青山个个伸头看，看我庵中吃苦茶"。更有苏东坡用他那卓越的才华、人生的坎坷与超然的达观来品味出"枯肠未易禁三碗，坐听荒城长短更。"

　　这些就是"隽永之美"吧！

⊙ 丰子恺　《青山个个伸头看，看我庵中吃苦茶》

二七七 | 第十章 茶的美学

参考文献

董晓萍 .2013. 钟敬文文选 [M]. 北京：中华书局 .

冈仓天心 .2010. 茶之书 [M]. 谷意，译 . 济南：山东画报出版社 .

李泽厚 .2008. 华夏美学·美学四讲 [M]. 北京：生活·读书·新知三联书店 .

梁思成 .1998. 中国雕塑史 [M]. 天津：百花文艺出版社 .

林乾良 .2012. 茶印千古缘 [M]. 北京：中国农业出版社 .

刘枫 .2009. 历代茶诗选注 [M]. 北京：中央文献出版社 .

潘城 .2015. 茶书画 [M]. 杭州：浙江摄影出版社 .

潘城 .2018. 茶席艺术 [M]. 北京：中国农业出版社 .

沈冬梅，李涓 .2009. 茶馨艺文 [M]. 上海：上海人民出版社 .

滕军 .1992. 日本茶道文化概论 [M]. 北京：东方出版社 .

王旭烽 .2004. 不夜之侯 [M]. 北京：人民文学出版社 .

王旭烽 .2004. 南方有嘉木 [M]. 北京：人民文学出版社 .

王旭烽 .2004. 筑草为城 [M]. 北京：人民文学出版社 .

王旭烽 .2013. 品饮中国——茶文化通论 [M]. 北京：中国农业出版社 .

吴觉农 .2005. 茶经述评 [M]. 北京：中国农业出版社 .

姚国坤 .2018. 中国茶文化学 [M]. 北京：中国农业出版社 .

于良子 .2003. 翰墨茗香 [M]. 杭州：浙江摄影出版社 .

郑培凯，朱自振 .2007. 中国历代茶书汇编 [M]. 香港：商务印书馆 .

宗白华 .1981. 美学散步 [M]. 上海：上海人民出版社 .

后记

　　我自 2006 年进入工作状态，见证、参与浙江农林大学茶文化学院、专业、学科的建设，总有十年时间处于高度的忙碌和紧张之中。从此，我的手机基本处于静音状态，害怕听到铃声。期间我与我的老师、同事、学生共同奋斗，做成了茶文化舞台艺术呈现《中国茶谣》、原创话剧《六羡歌》，建立了学生创业的茶谣馆，最早实践、开创了"全民饮茶日"活动，在杭州建立了"杭州中国茶都促进会"，在塞尔维亚建立了第一个以茶文化为背景的孔子学院，建成了向全球孔子学院提供培训与智库的汉语国际推广茶文化传播基地，与美国合作了获艾美奖的纪录片，赴多国进行茶文化的巡讲与巡演……

　　实践多了，就有一种声音会说，不要只会搞活动、埋头苦干，要有理论。此言不差，如果我们总是对一门学科的体系结构缺乏认识，还要夸夸其谈这门学科，那么，即使偶然幸中，也是根基不牢、影响不大的。我如今开始做一点案头工作，实在不是因为他人的鞭策，而是自己长久以来内在的需要。如果说第一个十年是"动若脱兔"，那么下一个十年就一定要创造条件"静若处子"了，何况，比起"脱兔"，我实在更喜欢"处子"得多。

　　关于本书的积累有近十年了，我曾经在茶文化学院开设过"茶文学艺术"这门课程，在教学的过程中积累了大量的备课笔记。如今写出此书，也算是完成了编写这门课程教材的一个心愿。当然，这十年来在茶艺术方面不仅是资料上的积累，与茶相关的各种艺术门类我都有不同程度的亲身体验。与茶相关的文学、话剧、绘画、影视、雕塑、空间设计、茶席我都有创作或参与其中，包括音乐，虽然没有创作，起码也上台演唱过茶歌。这些亲身体验都帮助我产生了对茶艺术的欣赏与感悟。

　　我很感谢我的老师王旭烽教授，她在茶的文学和艺术领域许多开拓性的创作和观点给了我极大的滋养，也是她身体力行地告诉了我，艺术的创作、欣赏与研究是不能割裂的；并且她还常常为后辈创造条件出国访问与交流，这也使得我能够看到各国许多博物馆和艺术馆中伟大的艺术作品，从而让我的艺术眼界和思维不至于过份狭隘。

　　茶文化学界的泰斗姚国坤先生丰富的学术资料与图片也给了我很大的帮助，他总是在一些关键的学术方向上给出可贵的指导。茶文化界的另一位前辈于良子先生曾著书《翰墨茗香》，这本书是最早让我打开了茶与艺术相通的视野。"西泠五老"之一的林乾良先生也给出了指点。也感谢我的博导，日本神奈川大学历史民俗资料学科的小熊诚教授。他的许多历史民俗学的视角与方法对本书的许多观点有了新的影响。要特别感谢的是本书的责任编辑高红岩女士，正是三年前她从中国林业出版社打来的电话，促成了本书的出版。在她找到我之前，这本书的写作一直萦绕在我脑中，却不知何时才会动笔。虽然我们至今都还未曾谋面，但她始终给予我高度的信任和对本书足够的重视。中国美术学院的画家王一飞教授及其夫人郭晓芳博士的佳作以及蓝银坤先生与陈亮先生为封面提供的各体书法也为本书增色，在此鸣谢。我还要感激我的家人，是他们无私的支持和付出，才让我得以在宁静的日本神奈川大学校园里，在繁重的学业与田野调查之余完成这部书稿。

　　如果未来我还能在茶文化艺术的领域有所耕耘，但愿这本《隽永之美：茶艺术赏析》将成为我未来工作的一个纲目。

2018 年 12 月 26 日

日本神奈川大学图书馆